U0167488

超高层建筑涡激振动评估及气动外形优化

王磊　著

中国建筑工业出版社

图书在版编目(CIP)数据

超高层建筑涡激振动评估及气动外形优化／王磊著
. — 北京：中国建筑工业出版社，2021.5
ISBN 978-7-112-26078-2

Ⅰ. ①超… Ⅱ. ①王… Ⅲ. ①超高层建筑—抗风结构
—结构设计—研究 Ⅳ. ①TU973

中国版本图书馆 CIP 数据核字(2021)第 068443 号

本书介绍了高层建筑抗风设计的一些基本概念和理论，总结了既有超高层建筑的体型特点，针对典型超高层建筑，系统研究了超高层建筑涡激振动响应相关问题。本书捃出了超高层建筑风洞试验气弹模型制作方法和试验技术，建立了气动阻尼和气动刚度的评估模型，揭示了涡激振动响应幅值不稳定机理，建立了涡激振动发生的概率模型和响应评估模型，探索了几种抑制超高层建筑涡激振动的响应幅值的气动控制措施。

本书适用于从事高层建筑结构设计、建筑外形设计尤其是从事结构抗风设计的研究人员及高校师生。

责任编辑：辛海丽
责任校对：张惠雯

超高层建筑涡激振动评估及气动外形优化
王磊　著

*

中国建筑工业出版社出版、发行（北京海淀三里河路 9 号）
各地新华书店、建筑书店经销
北京科地亚盟排版公司制版
北京建筑工业印刷厂印刷

*

开本：787 毫米×1092 毫米　1/16　印张：9　字数：201 千字
2021 年 5 月第一版　　2021 年 5 月第一次印刷
定价：**40.00** 元
ISBN 978-7-112-26078-2
(37238)

随着现代经济建设的飞速发展，大批超高层建筑在我国以及世界各地兴建。超高层建筑在强风作用下的安全性、适用性与可靠性问题十分突出，常常成为设计的控制性因素。70 多年来，尤其是近 30 年来，结构风工程学科已取得长足的进展，这些进展已经一定程度上反映在我国不断更新的各种结构荷载规范与技术规程中。为保障大量兴建的大型工程结构，尤其是标志性超高层建筑的抗风安全性、适用性与可靠性，超高层建筑结构精细化抗风设计方法的研究尤为重要。

超高层建筑结构体系的抗风设计，首先要确定作用在结构上的风荷载。风荷载本身的确定并不困难，但是由于高层建筑在强风作用下可能发生较强烈的振动，产生风与结构间的流固耦合效应（亦称为气弹效应）。气弹效应不仅会改变结构上的风荷载，同时也改变了振动体系的动力参数（气弹参数），直接影响到风振响应和等效静力风荷载的评估精度。对于高柔结构体系，这一影响常常较大而不能忽略，是精细化抗风设计必须考虑的。

在强风作用下，高层建筑可能不产生共振，也可能会共振，抗风设计也要按这两种状态分别考虑：

在非共振状态下，由风荷载和气弹参数就可以精确计算高层建筑在强风下的风致响应。对此，本书的第一部分内容是：制作出高精度的气动弹性试验模型，该模型可以测得兼顾气弹效应的风荷载和风致响应，根据试验数据，结合动力学理论，可以识别得到由流固耦合效应而引发的气弹参数。最终建立气弹参数的经验公式，从而为高层建筑的非共振状态的风振精确计算提供指导。

在共振状态下，由于强流固耦合效应产生的自激力，仅有风荷载和气弹参数是不够的，因为此时的振动响应和等效风荷载并不能基于传统随机振动理论进行计算。对此，本书的第二部分内容是：根据气弹模型测得的共振响应及相关参数，建立涡激共振状态下风致响应的半理论半经验评估模型，从而为共振状态下的抗风设计提供指导。

对于共振响应的控制方面，本书的第三部分内容是：通过精细的多自由度气弹模型试验，针对横风向涡振尤其是涡激共振现象，考察局部气动外形优化对涡激振动的抑制效果，提出减振方案。

本书所涉及的研究内容起源于我博士阶段的研究课题，导师梁枢果教授的悉心指导使我打下了研究基础、开阔了研究思路，促成我将后续研究成果与博士课题相结合整理成此书。同时感谢"建筑安全与环境国家重点实验室暨国家建筑工程技术研究中心开放课题基金项目（BSBE2020-5）""国家自然科学基金项目（51708186）""国家自然科学基金项目（51178359）"的资助。

　　限于水平和经验，书中难免有不当和疏漏之处，恳请读者批评指正！

河南理工大学　王磊

2021 年 4 月于焦作

目　录

1

绪　　论

1.1　引言

随着经济建设的飞速发展，超高层建筑的数目和高度正在大幅度增加，特别是轻质、高强材料在建筑工程中的广泛应用，超高层建筑的自振频率、阻尼、结构密度都越来越小，因而其斯科拉顿（Scruton）数亦越来越小，同时其高宽比越来越大。大量原型观测和风洞试验都已证实，当超高结构的斯科拉顿数较低、高宽比较大时，在强风作用下极易发生横风向涡激共振锁定现象，从而产生强烈的、大幅度的横风向"简谐"振动（事实上是否是简谐振动本书将给出讨论）。

尽管目前还没有发现超高层建筑因为横风向涡激共振现象发生破坏的实例，但是，高耸结构因涡激共振发生破坏的情况却屡见不鲜。在国外，早在 1969 年，捷克一座高 180m 的钢筋混凝土电视塔由于横风向涡振位移达到 1m 而开裂[1]。20 世纪 70 年代，德国某 140m 高钢质烟囱在 13～16m/s 的临界风速下因涡致振动造成钢壳破坏而不得不拆除重建[2]。1976 年，Hirsch G 等发现某高 140m、直径 6m 的钢质烟囱因涡致共振而倒塌，并对重建后的烟囱进行了实测以观察分析其横风向振动[3]。在 1983 年，Das S P 等观察到某窑厂烟囱铆接接头的破坏，通过分析，把此次破坏原因归结为涡脱引起的共振响应[4]。1996 年，波兰学者 Ciesielski R 发现在风荷载作用下某 120m 钢烟囱多次发生大幅横风向涡激振动，并造成了结构局部破坏，最后尝试采用阻尼器来减小结构横风向风振响应[5]。在美国费耶特电力工程项目中（1997 年），刚刚落成的 3 号烟囱在短时间内发生了数次强烈的涡激共振，最终导致一斜撑出现裂缝而破坏[6]。2007 年，Kawecki J 分析了 100m 高的新建钢烟囱出现大幅度横风向涡激振动而使得该结构局部螺栓发生两次破坏的工程事故[7]。在国内，天津某钢厂直径 3.06m、高 90m 的钢烟囱自 1992 年建成后，多次在 4～5 级风作用下发生横风向涡激共振，最大振幅达到 1.76m，引起法兰螺栓的断裂破坏，不得不进行加固[8]。某化工企业高 80m 的钢烟囱在 2002 年 9 月 6 级风速下发生横风向剧烈的涡激振动，振动幅值达到0.45m[9]。1994年6月，某化工厂直径2.7m、高75m的乙烯精馏塔在4级风作用下横风向涡振振幅超过半米。2008年，另一直径2.6～3.6m、高77.7m的脱甲烷塔因为横风向剧烈的涡致振动尚未投产就发生开裂[10]。国内外圆截面高耸钢结构因横风向涡激共振致损的事故频繁发生，结构风工程界已对此持续关注，并一直在寻求更合理、可靠的抗风设计方法与涡振控制措施。

随着超高层建筑越来越高，结构特点与高耸结构更为接近，其一阶（特殊情况下甚至二阶）振型涡激共振临界风速已经在结构设计风速以内，因而发生涡激共振而损坏、破坏的可能性越来越大。虽然到目前为止，在实际工程中还没有超高层建筑发生涡激共振锁定的实例，但在风洞试验中，高宽比仅为9∶1且斯科拉顿数接近3的某些矩形、三角形截面超高建筑模型在紊流场已观测到发生涡激共振锁定的事实，应该使风工程研究者警惕。未来的千米级超高层建筑斯科拉顿数之小、高宽比之大可想而知，而且这样高的超高层建筑，一半甚至一大半在梯度风高度以上，这种条件下的涡激共振锁定研究从未见诸报道。由于超高层建筑的抗风性能关系到居住者的生命安全以及由此产生的巨大社会影响，超高层建筑的涡激共振更应该引起结构风工程界的高度关注，如何更精确地把握共振发生机理、响应水平、控制措施等都是极为重要的工作，这也是本书研究的目的所在。

1.2 涡激振动的基本概念

1.2.1 绕流与漩涡脱落的概念[11~16]

图1-1为典型圆柱体二维绕流轨迹线，其尾流迹线与雷诺数（Re）有很大关系，当雷诺数很小（$Re=1$）且流向圆柱体的是层流时，流动将附着在圆柱体整个表面上，即流动不分离；当$5 \leqslant Re < 40$时，流动仍是对称的，但出现了流动分离，有两个稳定的漩涡，分离点S_1靠近截面中心前缘；当雷诺数继续增加至亚临界范围（$40 \leqslant Re < 10^5$）时，漩涡将从圆柱体交替脱落，即流体从圆柱体S_1点分离，流入到圆柱体背后附近流体中形成剪切

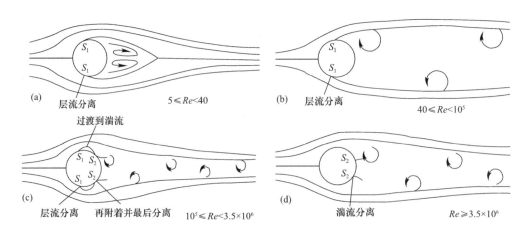

图1-1 不同雷诺数下圆柱体的绕流曲线

层，不稳定的剪切层很快卷成漩涡，交替反向地向下游流动，形成涡列（卡门涡街）；当 Re 处于超临界范围（$10^5 \leqslant Re < 3.5 \times 10^6$）时，分离点 S_1 上游的附着层是层流，直至 S_1 点层流变成湍流，即尾流湍流，涡脱比较随机；当 Re 处于跨临界范围（$Re \geqslant 3.5 \times 10^6$）时，尽管尾流仍十分紊乱，但又呈现出有规律的漩涡脱落。

对图 1-1 现象的最显著规律是由斯托罗哈（Strouhal）最先提出，他指出漩涡脱落现象可以用无量纲参数斯托罗哈数（St）来描述，即 $St = n_s D / v$，式中 n_s、D、v 分别表示涡脱频率、特征尺寸和来流速度，图 1-2 给出了圆柱体 St 与 Re 的关系。

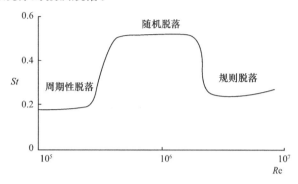

图 1-2　圆柱体 St 与 Re 的关系

钝体结构（如矩形截面柱体），与圆柱体最大的不同是，流迹线的分离点出现在角点处，图 1-3 给出了典型钝体绕流曲线。当流体流经钝体结构的迎风面后，在迎风面两侧的角点出现分离，分离后的漩涡会作用在钝体的侧风面上（也就是此种漩涡引起钝体结构的横风向涡振发生），流体流过背风面之后会呈现出与圆柱体类似的涡街。与圆柱体的另一个不同之处是，钝体结构的 St 随 Re 变化几乎保持恒定，通常将其视为一个定值。

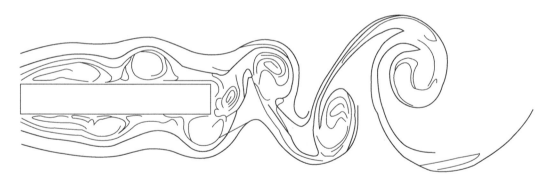

图 1-3　典型钝体扰流曲线

1.2.2　涡激共振的概念

根据上一小节的分析，当漩涡脱落频率与结构自振频率接近时，结构可能发生共振现象，此时漩涡脱落频率将被结构频率控制，以至于当外部风速使名义上由 St 决定的漩涡脱落频率偏离了自振频率的百分之几时，漩涡脱落频率仍在结构频率俘获范围内，即"锁定现象"（Lock-in），图 1-4 给出了漩涡脱落频率与结构频率的理想关系曲线。

图 1-5 给出了 Bearman[17] 等人对于小阻尼圆柱体的试验结果，图中，$V_r = V/n_1 D$，V 为流动速度，n_1 为圆柱体固有振动频率，D 为圆柱体直径，$\overline{n} = n_s/n_1$，n_s 为漩涡脱落频率。可以看出，当折算速度增加到一定范围时，旋涡脱落频率 n_s 将为物体振动频率所"俘获"而与其保持一致，且此时结构振幅显著增加，相位角发生突变，即上述所说的"锁定"现象。

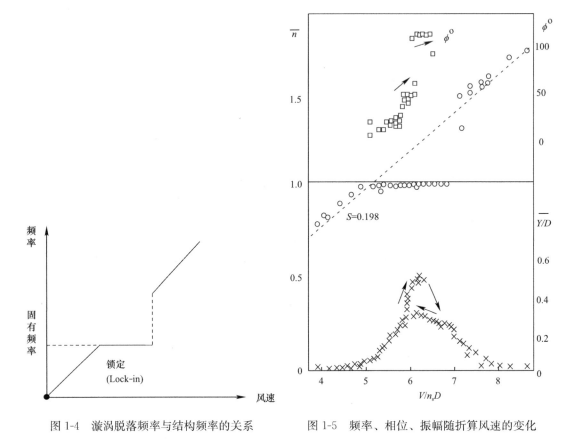

图 1-4　漩涡脱落频率与结构频率的关系　　　图 1-5　频率、相位、振幅随折算风速的变化

1.3　高柔结构涡振研究现状

1.3.1　涡振风洞试验研究

迄今为止，已有大量钝体及流线体结构涡振研究见诸报道，并从静止模型、气弹模型、强迫振动试验等方式发现了大量的试验现象，得到了诸多有益结论。总结而言，由尾流涡旋引发的振动结果取决于以下几个方面：物体不同部位风作用的相关性、涡脱频率、雷诺数、结构材料的阻尼与刚度、结构的质量及附加质量、气动阻尼与气动刚度。具体分析时通常仅考虑贡献较大的几个因素，最终目标为获得结构响应和等效荷载，下面对此做简要介绍。

涡激振动的早期研究多是针对水流涡振展开的，Bearman[17]在前人研究工作的基础上，分析了静止物体的漩涡脱落机制，他认为结构的存在使流经结构的流体在分离点处的漩涡发放更有规律，从而形成了涡脱现象。Bearman 通过对振荡物体的研究发现，振动物体与静止物体二者涡脱的区别在于，物体的振动显著影响甚至控制了涡脱特性，使得在涡振临界风速附近的一段范围内涡脱频率被结构频率所控制，且控制范围与结构的振幅有关。振幅越大，控制范围越宽，此时漩涡脱落相关性大大增强，升力系数显著增加，并进一步促成振动位移幅值的增长，即表现为自激振动的特点。Srapkaya[18]通过强迫振动试验考察了结构振动时的流体力，并将识别得到的涡激力应用于底部弹性支撑气弹模型（SDOF）的响应评估。Gopalkrishnan[19]测量了均匀流中做简谐振动圆截面物体的升力与拽力（阻力）。事实上，空气、水与结构的耦合问题同为流固耦合，水流涡振的研究为人们认知和研究风致涡振奠定了一定的基础，比如文献［20～25］等水介质的涡振研究也多次被风工程研究者借鉴参考，此处不再介绍。

对风致涡振而言，Kareem 和 Vickery 的试验研究发现，当折算风速大于 6 时，就必须考虑气弹效应（尤其是气动阻尼）的影响才可能得到较精确风振响应[26]；当折算风速在 6～20 之间时，结构尾流涡脱使气弹效应呈强非线性，准定常假定不再适用；当折算风速大于 20 后，由于湍流中涡旋的平均波长已远大于结构特征尺寸，结构气动弹性效应可以根据准定常假定由线性理论来分析[27,28]。准定常假定下高柔结构气弹效应分析及参数识别已为结构风工程界所认知，其中最主要的成果是气动阻尼计算公式和矩形截面高柔结构驰振分析方法的建立[26,29]。对结构风工程界，尤其是超高层建筑、高耸结构抗风设计最具挑战意义的课题是非定常流场中高柔结构气动弹性效应理论与分析方法的研究。从理论层面来说，非定常流场中的流固耦合问题是世界公认的难题，至今未有解析分析方法；从工程应用的层面来说，随着超高层建筑、高耸结构向轻质、高柔、小阻尼的方向发展，结构的基本频率和斯科拉顿数（质量-阻尼参数）越来越低，在强风作用下结构尾流中旋涡脱落引起的大幅度横风向振动现象将更为严重。以上海金茂大厦和武汉国际证券大厦为例，在设计风速作用下，结构的最大位移和加速度都发生在横风向，且相应的折算风速都到了 10。自 20 世纪 80 年代以来，澳大利亚、加拿大、日本、丹麦等国先后开展了非定常流场中高柔结构气弹效应分析方法的研究。澳大利亚 Kwok 和 Melburne（1981）通过单自由度气弹模型风洞试验研究了方形、圆形截面高柔结构横风向涡激共振锁定现象，得到的结论为：当高柔、小阻尼结构顶部的横风向均方根位移响应达到某一临界值时，涡激共振锁定现象就会发生，这时结构的横风向振动变为简谐振动，振幅大大增加[30]。加拿大 Vickery 和 Steckley（1990，1993，1994）采用多种试验方法深入研究了方形、圆形、正三角形、正八角形截面高柔结构横风向气弹效应，特别是对绕底部转轴作给定频率、不同幅值简谐强迫振动的摆式模型进行了测表面风压和底部测力风洞试验，同时进行了外形相同的刚性模型表面测压、底部测力风洞试验，通过试验数据的对比分析，得到了横风向气动阻尼、气动刚度和气动质量随模型运动强度、折算风速和湍流度变化的规律，并通过外形相同的单自由度气弹模型风洞试验验证了上述气弹效应分析方法和结果的正确性[27,28,31]。Vickery 等人的工作使基于风洞试验的非定常流场中高柔结构气弹效应分析方法前进了一大步，他们采用的研究方法和得到的结果为该项研究奠定了一块重要的基石。与此同时，日本 Hayashida（1992）等人通过风洞试验比较了多种截面的单自由度气弹高层建筑模型侧向风振位移响应和由高频测力方法得到的相应数据的差别，同时通过模型表面测压风洞试验比较了刚性模型和相同形状的绕底部转轴摆动的气弹模型风力系数和风力谱的差别[32]。加拿大的 Fediw（1995）等人通过多点测压风洞试验分析、比较了按不同幅值、不同频率作单向强迫振动的方形高层建筑模型表面风压和该模型不动时的表面风压，得到了模型侧力谱和侧力系数随振动幅值、振动频率、折算风速变化的特点[33]。日本 Marukawa

（1996）通过单自由度气弹模型风洞试验，采用随机减量技术（RDT）分析了矩形截面高层建筑顺、横向气动阻尼随折算风速变化规律[34]。我国台湾郑启明（2002）基于单自由度气弹模型风振响应和刚性模型风测压实验，得到了矩形高层建筑横风向气动阻尼随Scruton 数和折算风速变化的经验公式[35]。武汉大学梁枢果、同济大学顾明等人（2000）通过单自由度气弹模型风洞试验研究了三角形截面高耸结构横风向涡激振动现象[36]。武汉大学邹良浩等人（2003）、同济大学黄鹏等人（2005）分别通过多自由度、单自由度气弹模型风洞试验，采用 RDT 和 ERA（Eigensystem Realization Algorithm）方法研究了高层建筑气动阻尼随折算风速变化规律[37,38]。我国台湾 Wu Jong-Cheng（2005）等人通过底部支撑单自由度强迫振动模型风洞试验，研究了方形截面高层建筑顺风向气动阻尼和气动刚度随风速、振动频率的变化规律[39]。

除此，很多学者围绕各种结构"涡激振动"进行了大量的研究。包括高层建筑、烟囱和大跨度桥梁的涡激振动[40~43]，海洋结构的涡激振动[44~48]，还有对涡激振动响应的预测评估[49~51]，以及涡激振动控制的研究[52,53]，此处不再一一介绍。

1.3.2 涡振理论模型研究

虽然至今还没有一种完全成功的解析方法能从基本流动原理出发，将旋涡脱落作用下的弹性钝体响应动作全过程解释清楚。但是，一种非常有效的办法就是建立经验模型，通过合理地选择参数，使计算模型的特性与真实情况相符合。

对于静止模型，当不考虑气弹自激力时，作用在固定不动的圆柱体单位展长上的横风向涡激力可合理地初步近似为：$F = \frac{1}{2}\rho U^2 DC_L \sin\omega_s t$，式中，$\omega_s = 2\pi N_s$，$N_s$ 为满足斯脱罗哈关系的频率；C_L 为升力系数。

而当考虑模型振动对气流的影响时，F 则与振动响应有关，若令 y 代表单位长度圆柱体的横风向位移，圆柱体的运动方程可写为：

$$m\ddot{y} + c\dot{y} + ky = F(y, \dot{y}, \ddot{y}, t) \tag{1-1}$$

式中，m 为圆柱体质量；c 为阻尼常数；k 为刚度；F 为单位展长的流体引起的非线性强迫函数，它取决于位移 y 及其对时间的导数 $\dot{y}$、$\ddot{y}$ 和时间 t。

余下的工作就是要找到 F 的满意的表达式，使其能与试验观察的结果相吻合，这也是既有半理论半经验模型的出发点，下面介绍几种经典涡激振动解析模型。

1. 升力振子模型

升力振子模型考虑圆柱体在二维流场中的振动，该模型又称尾流激荡器模型，其主要目的是用相互独立的方式分别获得圆柱体振动方程和流体振动方程[54]。令 L 为圆柱横风向投影尺寸，D 为圆柱体的直径。采用记号 $\omega_1^2 = k/m$，$c/m = 2\xi_s\omega_1$，其中 ξ_s 是结构阻尼 c 与其临界值之比，即阻尼比。升力振子模型认为圆柱体的运动方程如下：

$$\frac{\ddot{y}}{D} + 2\xi_s\omega_1 \frac{\dot{y}}{D} + \omega_1^2 \frac{y}{D} = \frac{\rho U^2}{2m} C_L \tag{1-2}$$

式中，C_L 是随时间变化的升力系数。这里假定了 C_L 满足具有范德波尔（Van der Pol）振子特性[55]的振荡方程，它与运动速度的关系为：

$$\ddot{C}_L + a_1 \dot{C}_L + a_2 \dot{C}_L^3 + a_3 C_L = a_4 \dot{y} \tag{1-3}$$

式中，a_1，…，a_4 是要由试验求出的常数。这个假设是根据要研究的系统特性与范德波尔振子特性的相似性提出的，即在小振幅时阻尼小，在大振幅时阻尼大。可以将振子方程改写为以下特殊形式[56]：

$$\ddot{C}_L + \omega_s^2 \dot{C}_L - \left[C_{L0}^2 - C_L^2 - \left(\frac{\dot{C}_L}{\omega_s} \right)^2 \right] (\omega_s G \dot{C}_L - \omega_s^2 H C_L) = \omega_s F \frac{\dot{y}}{D} \tag{1-4}$$

式中，$\omega_s = 2\pi N_s$ 是斯脱罗哈圆频率；C_{L0}、G、H 和 F 是将要与试验结果拟合的各种参数。注意，当 $\dot{y} = 0$（即固定柱体）时，C_L 的解近似为 $C_L = C_{L0} \sin \omega t$，方程式（1-2）和式（1-4）构成了一对耦合的非线性方程组。

关于该模型更详细的介绍，可以参阅文献 [57]。已经证明，如果正确选定了经验参数 G、H 和 F，那么方程式（1-4）能较精确地表示弹簧支撑的刚性柱体的诱导共振响应。

2. 经验线性模型

假定对一线性机械振子给予气动激振力、气动阻尼力和气动刚度力，其中气动刚度力（或气动阻尼力）可表示为一个流动决定的常数与位移 y（或它的时间导数 $\dot{y}$）乘积的气动力，经验线性模型也就是在这一思路下提出的，其基本方程为：

$$m[\ddot{y} + 2\xi_s \omega_1 \dot{y} + \omega_1^2 y] = \frac{1}{2} \rho U^2 (2D) \left[Y_1(K_1) \frac{\dot{y}}{U} + Y_2(K_1) \frac{y}{D} + \frac{1}{2} C_L(K_1) \sin(\omega_1 t + \phi) \right] \tag{1-5}$$

式中，$K_1 = D\omega_1 / U$。Y_1、Y_2、C_L 和 ϕ 是待拟合的参数。

令 $\eta = y/D$，$s = Ut/D$，$\eta' = \mathrm{d}\eta/\mathrm{d}s$，于是方程式（1-5）变为：

$$\eta'' + 2\xi_s K_1 \eta' + K_1^2 \eta = \frac{\rho D^2}{m} \left[Y_1 \eta' + Y_2 \eta + \frac{1}{2} C_L \sin(K_1 s + \phi) \right] \tag{1-6}$$

若定义：

$$K_0^2 = K_1^2 - \frac{\rho D^2}{m} Y_2(K_1) \tag{1-7}$$

$$\gamma = \frac{1}{2K_0} \left[2\xi_s K_1 - \frac{\rho D^2}{m} Y_1(K_1) \right] \tag{1-8}$$

方程式（1-6）进一步简化为：

$$\eta'' + 2\gamma K_0 \eta' + K_0^2 \eta = \frac{\rho D^2}{2m} C_L \sin(K_1 s + \phi) \tag{1-9}$$

方程式（1-9）的定常解为：

$$\eta = \frac{\rho D^2 C_L / 2m}{\sqrt{(K_0^2 - K_1^2)^2 + (2\gamma K_0 K_1)^2}} \sin(K_1 s - \theta) \tag{1-10}$$

式中，

$$\theta = \arctan \frac{2\gamma K_0 K_1}{K_0^2 - K_1^2} \tag{1-11}$$

该方法的具体介绍可参见文献[58~60]，对于某一具体问题，无法肯定在这一模型中从衰减到共振和从增长到共振的试验会给出相同的 γ 值。

3. 经验非线性模型

经验非线性模型同样是应用范德波尔振子模型概念，它通过增加一个非线性的（三次）气动力项来推广前述的线性模型。该模型将方程式（1-5）改写为：

$$
m[\ddot{y} + 2\xi_s\omega_1\dot{y} + \omega_1^2 y]
$$
$$
= \frac{1}{2}\rho U^2(2D)\left[Y_1(K_1)\left(1-\varepsilon\frac{y^2}{D^2}\right)\frac{\dot{y}}{U} + Y_2(K)\frac{y}{D} + \frac{1}{2}C_L(K)\sin(\omega t + \phi)\right] \quad (1\text{-}12)
$$

式中，$K = D\omega/N$，ω 满足斯脱罗哈关系式：

$$
\omega D/U = 2\pi S \quad (1\text{-}13)
$$

在这一模型中 Y_1、ε、Y_2 和 C_L 都是 K 的函数，均为有待于与观测值拟合的参数。这种模型可以有各种应用。例如，它最基本的应用是在涡激锁定时，$\omega \cong \omega_1$ [而且 $Y_2 \cong 0$，$C_L \cong 0$，因为锁定时方程式（1-12）的括号中至少有两项与反映气动阻尼项相比是很小的]，对于由两个不同的结构阻尼 ξ 分别决定的两个不同的振幅，通过自由"共振"振幅的观测就可以定出 Y_1 和 ε 两值。

在定常振幅时，每周平均耗散能量为零：

$$
\int_0^T\left[2m\xi_s\omega - \rho UDY_1\left(1-\varepsilon\frac{y^2}{D^2}\right)\right]\dot{y}^2\mathrm{d}t = 0 \quad (1\text{-}14)
$$

式中，$\omega T = 2\pi$。假设 y 实际遵循正弦变化，

$$
y = y_0\cos\omega t \quad (1\text{-}15)
$$

于是可得出：

$$
\int_0^T \dot{y}^2\mathrm{d}t = \omega y_0^2\pi \quad (1\text{-}16)
$$

$$
\int_0^T y^2\dot{y}^2\mathrm{d}t = \omega y_0^2\pi \quad (1\text{-}17)
$$

因此由方程式（1-14）得到：

$$
4\pi m S\xi_s - \rho D^2 Y_1 + \frac{\rho Y_1\varepsilon y_0^2}{4} = 0 \quad (1\text{-}18)
$$

利用两次试验得到的两组不同（ξ_s，y_0）值，代入求解方程式（1-18）便确定了 Y_1 和 ε。知道了 Y_1 和 ε 后，这个模型可用于按下式预估"锁定"时的振幅 y_0。

$$
y_0 = \left[\frac{16\pi m S\xi_s - 4\rho D^2 Y_1}{-\rho Y_1\varepsilon}\right]^{1/2} \quad (1\text{-}19)
$$

这个模型可用于从试验室的试验结果来预估原型物的运动，有关该模型的其他介绍可参见文献[61～63]。

Le-Dong Zhu[64] 通过桥梁截断模型的测力风洞试验发现，模型在共振时涡激力的频率成分并不十分单纯，为此，Zhu 对式（1-12）引入了（$\dot{y}/U$）（y/D）项，以表示多频率涡激力（double-frequency component），并将 $\left(1-\varepsilon\frac{y^2}{D^2}\right)\frac{\dot{y}}{U}$ 项改为 $\left(1-\varepsilon\frac{\dot{y}^2}{D^2}\right)\frac{\dot{y}}{U}$ 项，其模型形式为：

$$
m[\ddot{y} + 2\xi_s\omega_1\dot{y} + \omega_1^2 y]
$$

$$= \frac{1}{2}\rho U^2 (2D) \left[Y_1(K_1)\left(1-\varepsilon\frac{\dot{y}^2}{D^2}\right)\frac{\dot{y}}{U} + Y_2(K)\frac{y}{D} + Y_3\frac{\dot{y}y}{UD} + \frac{1}{2}C_L(K)\sin(\omega t+\phi) \right]$$

$$(1-20)$$

4. 用于估算烟囱与塔架响应的经验模型

在文献［65］中提出了一种用于圆形截面的烟囱与塔架设计的模型，它实际上是在方程式（1-12）的基础上导出的。在文献［66］中方程式（1-12）中的乘积 $\rho U^2 Y_2(K)$ 远小于 $m\omega_1^2$，所以在实际应用时 $Y_2(K)y/D$ 项可以忽略不计。另外还注意到，在随机运动时，方程式（1-12）中的 $\varepsilon y^2/D^2$ 项可以用 $\overline{y^2}/(\lambda D)^2$ 代替，其中 λ 是一系数，它的物理意义将在下文中讨论。在文献［65］中把方程式（1-12）中的项

$$\frac{1}{2}\rho U^2 (2D) Y_1(K_1)\left(1-\varepsilon\frac{y^2}{D^2}\right)\frac{\dot{y}}{U}$$

$$(1-21)$$

写成如下形式：

$$2\omega_1\rho D^2 K_{a0}\left(\frac{U}{U_{cr}}\right)\left(1-\frac{\overline{y^2}}{(\lambda D)^2}\right)\dot{y}$$

$$(1-22)$$

式中，$K_{a0}\left(\dfrac{U}{U_{cr}}\right)$ 是一个气动力系数；$U_{cr}=\omega_1 D/(2\pi S)$，而且 U 和 U_{cr} 是指烟囱 5/6 高度处的实际风速和涡激共振临界风速。如果把该项表示为气动阻尼力，则其等于乘积 $-2m\xi_a\omega_1\dot{y}$，其中 ξ_a 定义为气动阻尼比，因而可以得到气动阻尼比的表达式为：

$$\xi_a = -\frac{\rho D^2}{m}K_{a0}\left(\frac{U}{U_{cr}}\right)\left(1-\frac{\overline{y^2}}{(\lambda D)^2}\right)$$

$$(1-23)$$

从方程式（1-23）易知，如果 $\overline{y^2}^{1/2}=\lambda D$，那么气动阻尼将为零，因此结构就不再受到任何会使响应增大的气动弹性作用。所以，系数 λ 可以解释为气动弹性响应的均方根极限值与直径 D 之比。对于烟囱和塔架可能出现的比较小的响应值，响应的估算值与假定的 λ 值关系不太大，文献［64］认为，在估算混凝土烟囱响应时可以采用 $\lambda=0.4$。

于是，系统的总阻尼比为：$\xi_t=\xi_s+\xi_a$。实际上，只要将运动方程中的结构阻尼比 ξ_s 用总阻尼比 ξ_t 代替，就把气动弹性影响引入了运动方程。

5. 相关模型

相关模型是应用随机振动理论建立的一个适用于限定范围的，动态的旋涡诱发振动模型[66,67]。其理论结构是以代表性的跨矩方向的相关作用和圆柱体振幅对涡激力的依存关系作为依据。相关作用的长度和作为共振圆柱体振幅函数的升力的试验数据则被用来确定模型参量。模型的基本假设是：①在共振时，作用在圆柱体上相关的升力的变化幅度能够用圆柱体振幅的一个连续函数表示。②在共振时，涡激力在跨矩方向的相关作用能够用特征的相关作用长度来表示。直到二维流动形成以前，相关作用的长度均匀地随圆柱体振幅而增大。这个模型是局限于旋涡脱落的单振型共振和雷诺数范围在 $2\times10^2\sim2\times10^5$ 之间，这时存在着一个充分成形的涡道。它只考虑了和圆柱体速度同相的作用于圆柱体上升力的分力，同时也只有这个分力能够把能量输入圆柱体。此处不对该模型做进一步介绍，可参见相关文献。

6. 广义范德波尔振子模型

Larsen（1995）[68]提出了一种广义范德波尔振子模型（GVPO），他认为升力振子模型

和范德波尔振子模型不能很好地解释涡激锁定状态下的响应和 Sc 之间的函数关系。这里 Larsen 引入了变量 Sc，其表达式为：

$$Sc = \frac{4\pi\xi_s M}{\rho_a D^2} \tag{1-24}$$

$$M = \frac{\int_0^L m(z)\phi^2(z)\mathrm{d}z}{\int_0^L \phi^2(z)\mathrm{d}z} \tag{1-25}$$

式中，M 是均匀当量质量。Larsen 把 Sc 称为斯科拉顿（Scruton）数。其他学者对于质量和阻尼的这种组合有不同的解释。例如，C. M. Cheng（2002）[68] 把 $M_D = \frac{M\xi_s}{\rho_a D^2}$ 称为质量—阻尼系数（mass-damping coefficient），而文献［69］中定义的斯科拉顿数（Scruton number）为：

$$C_i = \frac{2M_i}{\int_0^L \phi_i^2(z)\mathrm{d}z} \cdot \frac{\xi_{si}}{\rho_a D^2} \tag{1-26}$$

式中，C_i 为第 i 阶的斯科拉顿数；ξ_{si} 为第 i 阶的结构阻尼比；$\phi_i(z)$ 为第 i 阶振型。

Larsen 通过试验表明，当 Sc 较小时，范德波尔振子模型所预测的结果与试验结果相差甚远；而当 Sc 较大时，升力振子模型所预测的结果与试验结果不相符。随着 Sc 的增大，涡致振动振幅逐渐减小，然而根据升力振子模型所得到的涡致振动振幅减小为零时所对应的 Sc 要远大于试验结果。为了更好地满足试验结果，Larsen 提出了广义范德波尔振子模型，其表述如下：

$$\ddot{\eta} + \mu f_n Sc\,\dot{\eta} + (2\pi f_n)^2 \eta = \mu f_n Ca\,(1 - \varepsilon \mid \eta \mid^{2v})\dot{\eta} \tag{1-27}$$

式中，$\eta = y/D$，y 为结构的位移响应，D 为特征尺度；$Sc = \frac{4\pi\xi_s M}{\rho_a D^2}$，$Ca = \frac{4\pi\xi_a M}{\rho_a D^2}$，称为气动斯科拉顿数，$\xi_a$ 为气动阻尼比；f_n 为模型振动频率；$\mu = \frac{\rho_a D^2}{M}$；$Ca$、$\varepsilon$ 和 v 都是要和试验结果比较拟合的气动参数。该模型最终的推导结果为：

$$\eta_0 = \left[\frac{\pi}{Ic(v)\varepsilon}(1 - Sc/Ca) \right]^{1/2v} \tag{1-28}$$

式中，$I_m = \dfrac{\int_0^{2\pi} \mid \cos(p) \mid^{2v} \sin^2(p)\mathrm{d}p}{\int_0^{2\pi} \sin^2(p)\,d_p} = \dfrac{I_c(v)}{\pi}$。试验结果显示，广义范德波尔振子模型在较广泛的 Sc 范围内，预测结果都与试验结果比较接近。

吴海洋、梁枢果[69]等将广义范德波尔振子模型引入了高层建筑共振响应预测中，并在广义范德波尔振子模型的基础上引入了 $(k_{max})^\gamma$ 参数，即认为在锁定风速范围内，涡振响应仍有差别，并将此风速段的风速细分为几个区间，分别进行参数的拟合，事实上是广义范德波尔振子模型的细化。

1.3.3 涡振气动外形优化研究

风和地震是高层建筑的两大水平作用，建筑体型设置显著影响了水平荷载的大小，我国《高层建筑混凝土结构技术规程》JGJ 3[70]对不同抗震设防烈度下高层建筑的体型设置给出了若干规定，但对风荷载却无此方面条文。事实上气动外形的合理设置可以大大降低风敏感结构的风致响应，对于达到一定高度级别的超高层建筑，建筑体型优化被认为是最有效的气动控制措施，因为通过建筑体型优化来改变风特性是"治本"的行为[71,72]。某大高宽比方形截面建筑风洞试验表明，该建筑横截面尺寸增大7%，在设计风速下的横风向响应就会减小40%～45%[73]，足见建筑体型对风荷载的影响之大（此处认为，建筑高宽比和长宽比亦属于广义建筑体型的范畴）。

1. 既有实际高层的外形特点

文献［74］分析总结了既有超高层建筑的体型特点（图1-6～图1-10），并结合大量超高层建筑抗风设计实例及风洞试验结果，分析了高宽比、长宽比对风致响应的影响，最后对不同高度的超高层建筑体型设置给出了部分初步建议。

文献［74］认为，超高层建筑按体型特点，可大致以350m和600m为界限分成三个级别：200～350m高层建筑的断面形状相对灵活多样，一般不必进行专门的抗风外形优化设计，但要适当控制结构高宽比和长宽比；350～600m高层建筑的标准层平面形状可选择有利于抗风的近似方

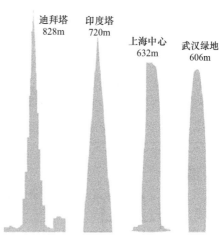

图1-6　600m以上超高层建筑立面

形，结构顶部和横截面角沿处应进行适当气动优化；600m以上高层建筑的断面形状和沿高外形设置，都应采取强有力的气动优化方案。

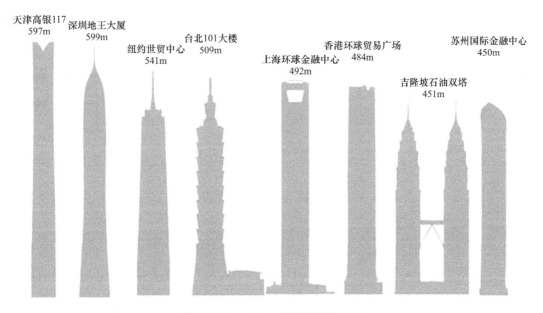

图1-7　400～600m超高层建筑立面

图 1-8　200～300m 超高层建筑立面图

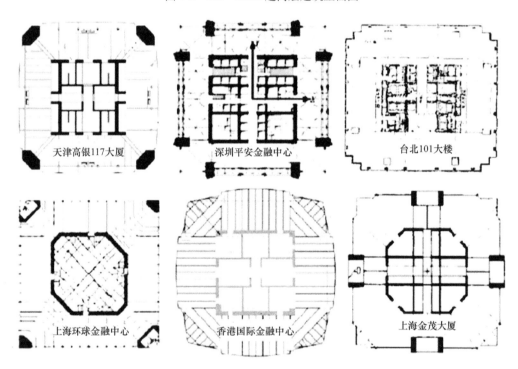

图 1-9　我国 400～600m 超高层建筑断面图

2. 既有气动外形优化研究

早在 20 世纪 80 年代，Kowk[75～77] 就开始了表面角沿处理等气动外形对高层建筑动力风致响应的研究，Kowk 通过一系列的试验研究发现，削角会显著降低横风向和顺风向的风荷载，当切角率为 10％时，横风向和顺风向风致位移会减小 30％～40％[78]。Kawai[79] 对多种断面形状的柱体进行了摆式气弹模型试验，发现对于切角、倒角和圆角三种角部处理方式来说，圆角的优化效果最为显著。即便单侧角部尺寸改变只有截面的 5％时，其风

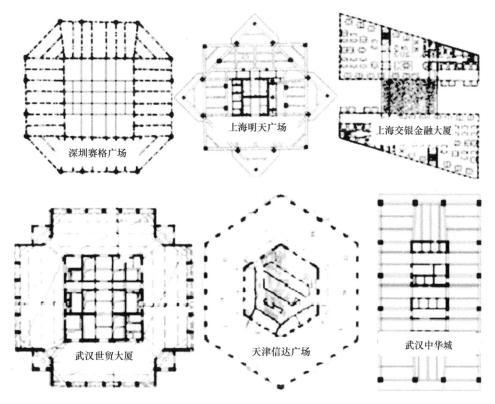

图 1-10 我国 200～300m 超高层建筑断面图

致响应仍受到很大影响。他认为，对方截面柱体而言，之所以风致响应会降低不是因为角部处理方式抑制了漩涡脱落，而是由此时的气动阻尼变大所致，但对矩形断面柱体（长宽比为2）来说，当宽边迎风时，角部形状的变化直接改变了漩涡脱落特性，从而显著影响了风致响应结果，而当窄边迎风时，角部的细微处理对风致响应结果影响不大。Hayashida[80,81]分别采用测力天平、气弹和测压模型技术研究了不同断面外形对 600m 高的超高层建筑的气动力、风压特性和风致动态响应的影响。Miyashita[82]采用测力天平技术研究开口和削角对方形断面风效应的影响。顾明[83,84]等人，通过风洞试验研究了不同外形的超高层建筑的动态风载，试验采用多种不同外形的刚性模型，通过高频测力天平技术研究了建筑物长细比、截面形状、截面长宽比及湍流强度和风向的影响。其研究发现，几种典型断面的结构的顺风向风荷载谱具有相近的形状，均为宽带谱；而横风向风荷载则明显地由脱落的旋涡控制，无量纲功率谱有明显的窄带峰，对应的主导频率为旋涡脱落频率；高湍流度的风场中，结构的顺风向风荷载的脉动能量明显增强，而横风向风荷载的能量有所降低，无量纲的功率谱相对平缓；对不同横断面长宽比的矩形结构，当来流垂直于断面宽边时，顺风向风荷载特性相近；横风向风荷载的主导频率随断面长宽比的增加而降低，但能量相近；当来流垂直于断面窄边时，由于流动分离后可能再附，流动变得复杂，因而风荷载也更加复杂；结构长细比对风荷载的影响不大。曹慧兰[85]利用随机减量法从湍流风场下 10 种高层建筑气动弹性模型的风致加速度响应中识别气动阻尼，通过与已有研究成果及基于准定常理论计算结果比较，验证识别结果的正确性。在此基础上，研究方形截面超高层建筑四个角沿不同尺寸的削角、凹角处理及截面沿高收缩率对作用在建筑上的顺风向气动阻尼比影响，其研究结果发现，气动阻尼比随截面削角率、凹角率及截面沿高收缩率的增大而增大，且截面凹角处理与截面削角处理对气动阻尼比的影响规律基本趋于一致，气动阻尼比随角沿处理比例的增大而增大，5％及10％的角沿处理，可显著减小顺风向气动阻尼比，20％的角沿处理与未修角的方形截面工况相差不大；气动阻尼比随截面沿高收缩率的增大而增大，截面沿高收缩率为1％时，气动阻尼比小于截面无收缩工况，而截面沿高收缩率为3％及5％时，气动阻尼比大于截面无收缩工况。最后，基于方形截面超高层建筑顺风向气动阻尼特性研究，结合截面修角及沿高收缩率影响，给出相应的经验公式。

1.4　既有工作总结

结构风工程界对圆截面高耸结构（烟囱）涡激振动的研究已有50多年的研究历史，对方形等超高建筑结构涡激振动的研究也有30多年的历史。虽然国际、国内结构风工程界已经在高层、高耸结构涡激振动计算模型与分析方法的研究方面做了大量的工作，但既有的工作还远未完善，尤其是还未能明了在实际紊流场中超高建筑结构涡激共振的激发机制，更不能准确把握其发生概率与响应水平，因此还不能解决超高建筑结构涡激共振危险性评估这一关键问题。

1.4.1　圆截面涡振研究方面

近年来，我国频发的钢烟囱与圆截面化工塔涡振致损事故正印证了基于该方法的设计将低估圆截面高耸钢结构涡激共振响应的结论[86~108]。因此，圆截面高耸结构涡激共振模型与响应分析方法亟待深入研究，基于风洞试验与原型观测的圆截面高耸结构抗风设计方法也亟待建立。对于圆截面高耸结构，特别是圆截面高耸钢结构，如高达300~400m的钢烟囱，尽管已经存在数种涡振响应评估方法与相应的抗风设计方法以及涡振气动控制方法，但目前国内外风工程界还未能建立一种既符合涡激共振机理又符合工程实际的圆截面高耸结构涡激共振响应评估方法。需要指出的是，像范德波尔振子这种计算涡激共振响应的半经验半理论模型必须通过气弹模型风洞试验得到模型的若干关键参数，但由于圆截面结构表面风压不可忽略的雷诺数效应，其气弹模型风洞试验数据的工程适用性是一个尚未解决的问题。即使增加了模型表面粗糙度，目前风工程界仍无法估计这类低雷诺数流场的风洞试验数据应用于高雷诺数实际工程风场所导致的误差。因此，对于圆截面高耸结构涡激共振响应的评估，除了在气弹模型风洞试验数据的基础上建立非线性振子模型及相应的分析方法外，更应注重结构涡激共振的原型实测和计算风工程数值模拟，才能把握实际紊流场中圆截面高耸结构涡激共振发生机理，建立符合工程实际的圆截面高耸结构涡激共振模型与响应评估方法，并在此基础上修订我国圆截面高耸结构有关涡激共振的风荷载条文。

1.4.2　钝体结构涡振机理及评估方面

超高层建筑的涡激振动分为两种：一种是窄带随机振动；另一种是共振锁定时的简谐

振动。前者是涡脱干扰力起控制作用，后者是自激振动力起控制作用，风洞试验结果显示，后者的响应水平比前者大得多。对于前者，既有的研究大多是在风洞试验的基础上建立涡振发生时的荷载模型、识别气动阻尼和分析计算涡振响应，近年来已取得一大批成果，并已经进入工程应用[109~115]。在加拿大、日本、澳大利亚已经进入规范，在我国也初步进入规范[116]。但对于超高建筑的涡激共振锁定的研究，虽然在理论和试验方面都开展了一些研究，但还不够成熟，距离工程应用尚十分遥远。而且近年来对该课题研究的文献较少见，说明结构风工程界对其重视不够。在理论方面，超高建筑涡激共振锁定是非定常流场中结构的强耦合振动问题，直接根据计算流体动力学（CFD）和计算结构动力学（CSD）的基本方程，采用数值模拟方法求解是极为困难的。但是，在风洞试验数据的基础上建立半经验、半理论的涡激共振振子模型，为解决这一难题提供了有效途径。Scruton[117]、Marris[118]、Vickery[92]和 Larsen[67]先后在二维绕流场单自由度振子风洞试验数据基础上建立了升力振子模型、范德波尔振子模型、经验线性与经验非线性模型和广义范德波尔振子模型，提出了预测结构共振锁定响应的计算模型与方法；在试验方面，Kowk 和 Melburne[119]、Kawai[120]、梁枢果[121,122]先后通过风洞试验观测了矩形、八角形、三角形等超高结构在三维流场中的涡激共振锁定现象，Kwok 和 Melburne 发现，当圆形、矩形截面高柔、小阻尼结构顶部的横风向均方根位移达到了某一临界值时，在涡振临界风速作用下涡激共振锁定现象就会发生，这时模型的横风向振动由随机振动变为简谐振动，振幅大大增加。但他们提出的超高结构涡激共振响应简化计算公式建立在将涡激共振锁定视为在简谐气动力作用下的强迫振动基础上，并且没有考虑气动阻尼力，显然是掉进了卢曼（Rumman）方法的窠臼，无法普遍适用于低斯科拉顿数的超高结构涡激共振锁定响应预测。如所知，在发生涡激共振锁定时，气动刚度项和涡脱简谐荷载项对于范德波尔振子的响应分析影响很小，非线性气动阻尼力是主要的系统激励力。吴海洋、梁枢果[69]等人在一系列矩形截面超高建筑摆式气弹模型风洞试验数据的基础上，建立了在均匀流场中预测矩形超高建筑涡激共振锁定风速范围和涡激共振响应的改进的范德波尔振子模型，该模型能够准确地预测均匀流场中矩形超高结构线性单自由度模型涡激共振锁定风速范围与涡激共振响应，其涡激共振响应在位移和速度组成的相平面中的轨迹为一稳定的封闭轨道，每周平均耗散能量为零，称为极限环。但是，在 B 类、C 类和 D 类风场中，情况要复杂得多。大量超高建筑一维（横风向）、二维（顺、横风向）和三维（顺风、横风、扭转向）摆式气弹模型风洞试验发现，在紊流场中，超高层建筑涡激共振的发生与持时具有很大的随机性。在均匀流场中，对于一定截面的超高层建筑模型（高宽比为9），存在一个涡激共振斯科拉顿数阈值。当模型的斯科拉顿数小于该阈值时，平均风速只要达到涡振临界风速，试验模型就一定会发生涡激共振锁定现象。模型的斯科拉顿数越小，其锁定的风速范围就越宽。但在紊流场中，较低的斯科拉顿数和较大的结构顶部横风向振动幅值都只是模型涡激共振锁定的必要条件，而不是充分条件。由于脉动风速的存在，模型上部的平均风速达到涡振临界风速后，模型是否发生涡激共振锁定，发生涡激共振锁定后在平均风速不变时锁定的持续时间，以及锁定时的响应幅值都有相当大的随机性与不确定性。鉴于此，在紊流场尤其是在较高紊流度的实际风场中，如 B 类、C 类、D 类风场中，超高建筑涡激共振模型与响应分析方法亟待在大量风洞试验数据的基础上建立，涡激共振锁定的激发机制与发生条件、发生概率也亟待深入研究。

1.4.3　钝体结构涡振气弹参数方面

就气动参数而言，气动弹性力包括气动阻尼项、气动刚度项和气动质量项。其中，气动阻尼项贡献较大且备受重视；气动质量项只在流体密度较大或振动物体密度较小时才可能比较显著；气动刚度项则与结构刚度和振幅有关，在建筑本身刚度较柔且振动幅度较大时，气动刚度的贡献会有所增大。对于高层建筑的风致振动来说，通常认为气动质量项是可以忽略的，气动刚度对风致响应的影响也很小，但是，当高层建筑更为高柔时（如高度达到 600m 以上），是否会在大幅位移的情况下出现明显的气动刚度则值得研究。事实上，风工程学者早在 20 世纪 90 年代就开始了对气动刚（劲）度项的研究，他们从不同条件下的强迫振动试验发现，气动刚度随折算风速呈 V 形变化，并在折算风速 10 附近达到极小值。我们知道，强迫振动试验可以得到比较稳定的数据，因而易于分析出理想的定性规律，但该试验的模型振动方式为简谐振动，而实际建筑物振动具有很大随机成分，所以强迫振动试验所得的定性规律并不能直接作为实际振动中的定量参考。Tamura 对几个塔式细长建筑的实测发现[123]，振动体系的频率随风致加速度的增加而减小，但该文献并未对频率变化（下文称为频率"漂移"现象）的规律及原因进行分析。随着建筑高度的增加，结构频率越来越小，其气动刚度会越加明显，进而气动刚度造成的频率改变量占结构自振频率的比重更加显著，并由此引起涡振发生机制的改变，这一方面的研究还比较匮乏。

1.4.4　钝体结构横风向气动外形优化方面

就涡振气动外形优化而言，既有研究多是以刚性模型测压、测力天平测基底力的方式进行的，这种方式无法兼顾到气弹效应的影响，对于气弹效应不显著的建筑来说是适用的，但对于本书的研究对象来说，只有通过气弹模型直接得到考虑气弹效应的气动外形优化结果才是最为可靠的。虽然也有研究人员通过气弹模型对此进行了研究，但多是基于底部弹性支撑的单自由度（SDOF）模型展开的，下文分析将证实 SDOF 模型试验结果的精确性值得怀疑，并且其研究对象并不针对横风向共振。因此通过更为精细的多自由度气弹模型考察既有常见气动外形优化结果，尤其是近来备受关注的几种气动外形的优化效率是很有意义的。

1.5　本书主要内容

本书基于大量不同高宽比、长宽比、质量、阻尼和气动外形的多自由度气弹模型试验，完成了以下几个方面的研究：

（1）提出了改进的多自由度气弹模型的制作方法。

（2）识别分析了各模型的气动阻尼和气动刚度参数，建立了相应的评估模型。

（3）从频率改变量和流固相位关系的角度，给出了涡振响应不稳定的根本原因。

（4）提出了基于极值峰因子和频率改变量联合决定的共振发生概率的评估模型。

（5）研究了几种气动外形的改变对涡激振动的控制效果。

本章参考文献

[1] 王肇民. 桅杆的风灾事故及风振控制 [C]. 第 7 届全国结构风效应学术会议论文集. 重庆：重庆大学出版社，1995.

[2] Hirsch G，Ruscheweyh H，Zutt H. Failure of a 140 m-high steel stack due to wind-excited oscillations transverse to the wind direction [J]. Stahlbau，1975，44（2）：33-41.

[3] Hirsch G，Ruscheweyh H. Full-scale measurements on steel chimney stacks [J]. Journal of Wind Engineering and Industrial Aerodynamics，1975，1（4）：341-347.

[4] Das S P，Chaulia P B. Failure investigation of the vertically rivetted lap joints of a dolomite kiln chimney [J]. Mechanical Engineering Bulletin，1983，14（4）：106-112.

[5] Ciesielski R，Flaga A，Kawecki J. Aerodynamic effects on a non-typical steel chimney 120m high [J]. Journal of Wind Engineering and Industrial Aerodynamics，1996. 65：77-86.

[6] Hubalik Thomas M. Wind-induced vibration of a brace on a 530-foot high chimney [A]. Proceedings of the American Power Conference [C]. 1997，59（1）：321-324.

[7] Kawecki J. Cross-wind vibrations of steel chimneys-A new case history [J]. Journal of Wind Engineering and Industrial Aerodynamics，2007，95（9-11）：1166-1175.

[8] 王军娃. 天津某 90m 高钢烟囱的加固设计 [J]. 特种结构，2002（3）：44-47.

[9] 温德超，刘季林，王清刚. 80m 高钢烟囱的风振分析 [J]. 工程抗震，2004，（1）：26-29.

[10] 元少昀，段瑞. 塔器、烟囱等高耸结构风诱导共振的判定准则及振动分析的相关问题 [J]. 石油化工设备技术，2010，31（1）：13-18.

[11] 童秉纲. 非定常流与涡运动 [M]. 北京：国防工业出版社，1993.

[12] 孙天凤，崔尔杰. 钝物体绕流和流致振动研究 [J]. 空气动力学学报，1987（1）：64-77.

[13] Sarpkaya，Turgut. Mechanics of wave forces on offshore structures [M]. Van Nostrand Reinhold Co，1981.

[14] King R. A review of vortex shedding research and its application [J]. Ocean Engineering，1977，4（3）：141-171.

[15] Miyata T，Miyazaki M. Turbulence effects on aerodynamic response of rectangular bluff cylinders [M]. 1980.

[16] Okajima，Atsushi. Strouhal numbers of rectangular cylinders [J]. Journal of Fluid Mechanics，1982，123（1）：379.

[17] Bearman P W. Vortex Shedding from Oscillating Bluff Bodies [J]. Annual Review of Fluid Mechanics，2003，16（1）：195-222.

[18] Sarpkaya T. Fluid forces on oscillating cylinders [J]. Journal of Waterway，Port，Coastal and Ocean Engineering，1978，104：275-291.

[19] Gopalkrishnan R. Vortex-induced forces on oscillating bluff cylinders [D]. Cambridge：Massachusetts Institute of Technology and Woods Hole Oceonographic Institution，1993.

[20] King R. A review of vortex shedding research and its application [J]. Ocean Engineering，1977，4（3）：141-171.

［21］ Vikestad K，Vandiver J K，Larsen C M. Added mass and oscillation frequency for a circular cylinder subjected to vortex-induced vibrations and external disturbance ［J］. Journal of Fluids and Structures，2000，14（7）：1071-1088.

［22］ Ng L，Rand R H，Wei T，et al. An examination of wake oscillator models for vortex-induced vibrations ［R］. Naval Undersea Warfare Division，Newport，2001.

［23］ Voorhees A，Wei T. Three-dimensionality in the wake of a surface piercing cylinder mounted as an inverted pendulum ［A］. Proceedings of the Conference on Bluff Body Wakes and Vortex Induced Vibration ［C］. Port Douglas，Australia，2002，12.

［24］ Vikestad K，Vandiver J K，Larsen C M. Added mass and oscillation frequency for a circular cylinder subjected to vortex-induced vibrations and external disturbance. Journal of Fluids and Structures，2000，14（7）：1071-1088.

［25］ Guilmineau E，Queutey P. A Numerical Simulation of vortex shedding from an oscillating circular cylinder ［J］. Journal of Fluids and Structures，2002，16（6）：773-794.

［26］ Kareem A，Gurley K. Damping in structures：its evaluation and treatment of uncertainty ［J］. Journal of Wind Engineering and Industrial Aerodynamics，1996，59（2-3）：131-157.

［27］ Steckley A，Vickery B J，Isyumov N. On the measurement of motion induced forces on models in turbulent shear flow ［J］. Journal of Wind Engineering and Industrial Aerodynamics，1990，36（part1）：339-350.

［28］ Vickery B J，Steckley A. Aerodynamic damping and vortex excitation on an oscillating prism in turbulent shear flow ［J］. Journal of Wind Engineering and Industrial Aerodynamics，1993，49（1）：121-140.

［29］ 梁枢界，顾明. 高耸结构驰振分析 ［J］. 振动工程学报，1996，9（3）：244-252.

［30］ Kwok K C S，Melbourne W H. Wind-induced lock-in excitation of tall structures ［J］. Journal of the Structural Division，ASCE，1981，107（ST1）：58-72.

［31］ Vickery B J，Stekley A. Motion-induced forces on prismatic structures in turbulent shear flow ［C］. Proceedings of the Second International Conferences on Engineering Aero-Hydroelasticity，Pilsen，Repubic of Czech，1994：49-54.

［32］ Hayashida H，Mataki Y，Iwasa Y. Aerodynamic damping effects of tall building for a vortex induced vibration ［J］. Journal of Wind Engineering and Industrial Aerodynamics，1992，43（1-3）：1973-1983.

［33］ Fediw A A，Nakayama M，Cooper K R，et al. Wind tunnel study of an oscillating tall building ［J］. Journal of Wind Engineering and Industrial Aerodynamics，1994，57（2-3）：249-260.

［34］ Marukawa H，Kato N，Fujii K，et al. Experimental evaluation of aerodynamic damping of tall buildings ［J］. Jwa，1996，59（2-3）：177-190.

［35］ Cheng C M，Lu P C，Tsai M S. Acrosswind aerodynamic damping of isolated square-shaped buildings ［J］. Journal of Wind Engineering and Industrial Aerodynamics，2002，90（12）：1743-1756.

［36］ 梁枢果，顾明，张锋，等. 三角形截面高柔结构横风向振动的风洞试验研究 ［J］. 空气动力学学报，2000，18（2）：172-179.

［37］ 邹良浩，梁枢果，顾明. 高层建筑气动阻尼评估的随机减量技术 ［J］. 土木工程与管理学报，2003，（1）：30-33.

[38] Huang P, Gu M, et al. Experimental study of aerodynamic damping of tall buildings [A]. Proceedings of The Sixth Asia-Pacific Conference on Wind Engineering [C]. Seoul, Korea, 2005.

[39] Wu J C, et al. Identification of aero-elasticity of highrise buildings using forced excitation [A]. Proceedings of The Sixth Asia-Pacific Conference on Wind Engineering [C]. Seoul, Korea, 2005.

[40] Chang C C, Gu M. Suppression of vortex-excited vibration of tall buildings using tuned liquid dampers [J]. Journal of Wind Engineering and Industrial Aerodynamics, 1999, 83 (1): 225-237.

[41] Kawai H. Bending and torsional vibration of tall buildings in strong wind [J]. Journal of Wind Engineering and Industrial Aerodynamics, 1993, 50: 281-288.

[42] Tsushima S D. Vortex-induced cable vibration of cable-stayed bridges at high reduced wind velocity [J]. Journal of Wind Engineering and Industrial Aerodynamics, 2001, 89 (7-8): 633-647.

[43] D'Asdia P, S Noè. Vortex induced vibration of reinforced concrete chimneys: in situ experimentation and numerical previsions [J]. Journal of Wind Engineering and Industrial Aerodynamics, 1998, 74-76 (98): 765-776.

[44] Facchinetti M L, Langre E, Biolley F. Vortex-induced waves along cables [J]. Bulletin of the American Physical Society, 2001, (46): 128.

[45] Dowling A P. The dynamics of towed flexible cylinders Part 1. Neutrally buoyant elements [J]. Journal of Fluid Mechanics, 1988, 187 (1): 507-532.

[46] Willden R H J, Graham J M R. Multi-modal vortex-induced vibrations of a vertical riser pipe subject to uniform current profile [A]. Proceedings of the Conference on Bluff Body Wakes and Vortex Induced Vibration [C]. Port Douglas, Australia, 2002, 12.

[47] Vandiver J K. Dimensionless parameters important to the prediction of vortex-induced vibration of long, flexible cylinders in ocean currents [J]. Journal of Fluids and Structures, 1993, 7 (5): 423-455.

[48] Hover F S, Miller S N, Triantafyllou M S. Vortex-induced vibration of marine cables: Experiments using force feedback [J]. Journal of Fluids and Structures, 1997, 11 (3): 307-326.

[49] Islam M S, Ellingwood B, Corotis R B. Wind-induced response of structurally asymmetric high-rise buildings [J]. Journal of Structural Engineering, 1992, 118 (1): 207-222.

[50] Christensen C F, Roberts J B. Parametric identification of vortex-induced vibration of a circular cylinder from measured data [J]. Journal of Sound and Vibration, 1998, 211 (4): 617-636.

[51] Lyons G J, Vandiver J K, Larsen C M, et al. Vortex induced vibrations measured in service in the Foinaven dynamic umbilical, and lessons from prediction [J]. Journal of Fluids and Structures, 2003, 17 (8): 1079-1094.

[52] Hiejima S, Nomura T, Kimura K, et al. Numerical study on the suppression of the vortex-induced vibration of a circular cylinder by acoustic excitation [J]. Journal of Wind Engineering and Industrial Aerodynamics, 1997, 67-68: 325-335.

[53] Baz A, Kim M, Active modal control of vortex-induced vibrations of a flexible cylinder [J]. Journal of Sound and Vibration, 1993, 165 (1): 69-84.

[54] Dowell E H. Non-linear oscillator models in bluff body aero-elasticity [J]. Journal of Sound and Vibration, 1981, 75 (2): 251-264.

[55] Minorsky N. Nonlinear Oscilations [C]. Van Nostrand, New York, 1962.

［56］ Griffin O M，Skop R A，Ramberg S E. Modeling of vortex-induced Oscillations of Cables and Bluff Structures ［A］. Paper delivered to society for Experimental Stress Analysis ［C］. Silver Spring，1976.

［57］ Skop R A，Griffin O M. On a theory for the vortex-excited oscillations of flexible cylindrical structures ［J］. Journal of Sound and Vibration，1975，41 (3)：263-274.

［58］ Scanlan R H. Theory of the wind analysis of long-span bridges based on data obtain-able from section model tests ［A］. Proceedings of the Fourth International Conference on Wind Effects ［C］，London：Cambridge Univ. Press，1976：259-269.

［59］ Gade R H，Bosch H R，Podolny W. Recent aerodynamic studies of long-span bridges ［J］. Journal of the Structural Division，1976，102：1299-1315.

［60］ 埃米尔·希缪，罗伯特·H·斯坎伦. 风对结构的作用：风工程导论 ［M］. 上海：同济大学出版社，1992.

［61］ Chen S S，Zhu S，Cai Y. An unsteady flow theory for vortex-induced vibration ［J］. Journal of Sound and Vibration，1995，184 (1)：73-92.

［62］ Cai Y，Chen S S. Dynamic response of a stack-cable system subjected to vortex-induced vibration ［J］. Journal of Sound and Vibration，1996，196 (3)：337-349.

［63］ Gupta H，Sarkar P P，Mehta K C. Identification of vortex-induced-response parameters in time domain ［J］. Journal of Engineering Mechanics，1996，122 (11)：1031-1037.

［64］ Zhu L D，Meng X L，Guo Z S. Nonlinear mathematical model of vortex-induced vertical force on a flat closed-box bridge deck ［J］. Journal of Wind Engineering and Industrial Aerodynamics，2013，122：69-82.

［65］ Vickery B J. Across-wind vibration of structures of circular cross-section，part 1，development of a two-dimensional model for two-dimension conditions ［J］. Journal of Wind Engineering and Industrial Aerodynamics，1983，12：49-73.

［66］ R D Blevins. 流体诱发振动 ［M］. 吴恕三，译. 北京：机械工业出版社，1983.

［67］ Blevins R D，Burton T E. Fluid forces induced by vortex shedding ［J］. Journal of Fluids Engineering，1976，98 (1)：19-26.

［68］ Larsen A. A generalized model for assessment of vortex-induced vibrations of flexible structures ［J］. Journal of Wind Engineering and Industrial Aerodynamics，1995，57：281-294.

［69］ 梁枢果，吴海洋，陈政清. 矩形超高层建筑涡激共振模型与响应研究 ［J］. 振动工程学报，2011 (3)：24-29.

［70］ 中华人民共和国住房和城乡建设部. 高层建筑混凝土结构技术规程 JGJ 3—2010 ［S］. 北京：中国建筑工业出版社，2011.

［71］ Xie J M. Aerodynamic optimization in super-tall building designs ［C］. The Seventh International Colloquium on Bluff Body Aerodynamics and its Applications. Shanghai，China，2012，9：104-111.

［72］ 张志田，卿前志，肖玮，等. 开口截面斜拉桥涡激共振风洞试验及减振措施研究 ［J］. 湖南大学学报（自然科学版），2011，38 (7)：1-5.

［73］ 全涌，陈斌，顾明. 大高宽比方形截面高层建筑的横风向风荷载及风致响应研究 ［J］. 建筑结构，2010，40 (2)：89-92.

[74] 王磊，梁枢果，邹良浩. 超高层建筑抗风体型选取研究［J］. 湖南大学学报（自然科学版），2013，40（11）：34-38.

[75] Kwok K C S，Bailey P A. Aerodynamic Devices for Tall Buildings and Structures［J］. Journal of Engineering Mechanics，1987，113（3）：349-365.

[76] Kwok K C S. Effect of building shape on wind-induced response of tall building［J］. Journal of Wind Engineering and Industrial Aerodynamics，1988，28（1-3）：381-390.

[77] Kwok K C S. Aerodynamics of tall buildings. In：A state of the art in wind engineering［M］. New Delhi：Wiley Eastern Limited，1995，180-204.

[78] Chan C M，Chui J K L. Wind-induced response and serviceability design optimization of tall steel buildings［J］. Engineering Structures，2006，28（4）：503-513.

[79] Kawai H. Effect of corner modifications on aeroelastic instabilities of tall buildings［J］. Journal of Wind Engineering and Industrial Aerodynamics，1998，74-76（98）：719-729.

[80] Hayashida H，Mataki Y，Iwasa Y. Aerodynamic damping effects of tall building for a vortex induced vibration［J］. Journal of Wind Engineering and Industrial Aerodynamics，1992，43（1-3）：1973-1983.

[81] Hayashida H，Iwasa Y. Aerodynamic shape effects of tall building for vortex induced vibration［J］. Journal of Wind Engineering and Industrial Aerodynamics，1990，33（1）：237-242.

[82] Miyashita K，Katagiri J，Nakamura O，et al. Wind-induced response of high-rise buildings Effects of corner cuts or openings in square buildings［J］. Journal of Wind Engineering and Industrial Aerodynamics，1993，50（none）：319-328.

[83] 顾明，王凤元，张锋. 用测力天平技术研究超高层建筑的动态风载［J］. 同济大学学报（自然科学版），1999（3）：259-263.

[84] 顾明，叶丰. 典型超高层建筑风荷载频域特性研究［J］. 建筑结构学报，2006，27（1）：30-36.

[85] 曹会兰，全涌，顾明. 一类准方形截面超高层建筑顺风向气动阻尼［J］. 振动与冲击，2012，31（22）：84-89.

[86] 梁枢果，王磊，王述良，等. 国内外规范圆截面高耸结构横风向等效风荷载取值对比研究［J］. 特种结构，2013，30（5）：94-98.

[87] 中华人民共和国住房和城乡建设部. 建筑结构荷载规范 GB 50009—2012［S］. 北京：中国建筑工业出版社，2012.

[88] AIJ，Recommendations for loads on buildings［S］. Japan：Architecture Institute of Japan，1996.

[89] NBCC，National Building Code of Canada［S］. Canada：Canadian Commission on Building and Fire Codes，1995.

[90] EN1991-2-4，Eurocode 1：Actions on structures - General Actions Part1-4：Wind actions［S］. 1995.

[91] Rumman W S. Basic Structural Design of Concrete Chimneys［J］. Journal of the Power Division，1970，96：309-318.

[92] Vickery B J，Clark A W. Lift or across-wind response of tapered stacks，Journal of Structural Division［J］. ASCE，1972，98（ST1）：1-20.

[93] Vickery B J，Basu R. Simplified approaches to the evaluation of the across-wind response of chimneys［J］. Journal of Wind Engineering and Industrial Aerodynamics，1983，14（1-3）：153-166.

[94] Galemann T，Ruscheweyh H．Measurements of wind induced vibrations of a full-scale steel chimney [J]．Journal of Wind Engineering and Industrial Aerodynamics，1992，41（1-3）：241-252.

[95] Ruscheweyh H，Galemann T．Full-scale measurements of wind-induced oscillations of chimneys [J]．Journal of Wind Engineering and Industrial Aerodynamics，1996，65（1）：55-62.

[96] D'Asdia P，S Noè．Vortex induced vibration of reinforced concrete chimneys：in situ experimentation and numerical previsions [J]．Journal of Wind Engineering and Industrial Aerodynamics，1998，s 74-76（98）：765-776.

[97] Arunachalam S，Govindaraju S P，Lakshmanan N，et al．Across-wind aerodynamic parameters of tall chimneys with circular cross section—a new empirical model [J]．Engineering Structures，2001，23（5）：502-520.

[98] Ruscheweyh H，Langer W，Verwiebe C．Long-term full-scale measurements of wind induced vibrations of steel stacks [J]．Journal of Wind Engineering and Industrial Aerodynamics，1998，74（2）：777-783.

[99] Flaga A．Nonlinear amplitude dependent self-limiting model of lock-in phenomenon at vortex excitation [J]．Journal of Wind Engineering and Industrial Aerodynamics，1997，69-71（none）：331-340.

[100] Menon D，Rao P S．Uncertainties in codal recommendations for across-wind load analysis of R/C chimneys [J]，Journal of Wind Engineering and Industrial Aerodynamics，1997，72（none）：455-468.

[101] Verboom G K，Koten H V．Vortex excitation：Three design rules tested on 13 industrial chimneys [J]．Journal of Wind Engineering and Industrial Aerodynamics，2010，98（3）：145-154.

[102] Batham J P．Wind tunnel tests on scale models of a large power station chimney [J]．Journal of Wind Engineering and Industrial Aerodynamics，1985，18（1）：75-90.

[103] Khalak A，Williamson C H K．Investigation of relative effects of mass and damping in vortex-induced vibration of a circular cylinder [J]．Journal of Wind Engineering and Industrial Aerodynamics，1997，s 69-71（none）：341-350.

[104] Melbourne W H．Predicting the cross-wind response of masts and structural members [J]．Journal of Wind Engineering and Industrial Aerodynamics，1997，69（none）：91-103.

[105] Balasubramanian S，Haan F L，Szewczyk A A，et al．An experimental investigation of the vortex-excited vibrations of pivoted tapered circular cylinders in uniform and shear flow [J]．Journal of Wind Engineering and Industrial Aerodynamics，2001，89（9）：757-784.

[106] Francesco，Ricciardelli．On the amount of tuned mass to be added for the reduction of the shedding-induced response of chimneys [J]．Journal of Wind Engineering and Industrial Aerodynamics，2001，89：1539-1551.

[107] AS/NZS，Australian/New Zealand standard：Structural design actions Part 2：Wind actions [S]，2002.

[108] 中华人民共和国住房和城乡建设部．高耸结构设计标准 GB 50135—2019 [S]．北京：中国计划出版社，2019.

[109] Solari G．Mathematical model to predict 3-D wind loading on buildings [J]．Journal of Engineering Mechanics，1985，111（2）：254-276.

[110] Liang S G，Liu S C，Zhang L L，et al．Mathematical model ofacrosswind dynamic loads on rectangular tall buildings [J]．Acta Aerodynamica Sinica，2002，90（12）：1757-1770．

[111] 全涌，顾明．超高层建筑横风向气动力谱 [J]．同济大学学报（自然科学版），2002（5）：627-632．

[112] 唐意，顾明，全涌．矩形超高层建筑横风向脉动风力，Ⅱ：数学模型 [J]．振动与冲击，2010，29（6）：46-49．

[113] 吴海洋，梁枢果，陈政清，等．强风下方截面高层建筑横风向气动阻尼比研究 [J]．工程力学，2010，27（10）：96-103．

[114] 全涌，顾明，等．高层建筑横风向风致响应及等效静力风荷载的分析方法 [J]．工程力学，2006，23（9）：84-88．

[115] Liang S，Li Q S，Zou L，et al．Simplified formulas for evaluation of across-wind dynamic responses of rectangular tall buildings [J]．Wind and Structures An International Journal，2005，8（3）：197-212．

[116] 建筑结构荷载规范修订组（征求意见稿）GB 50009—201X [S]．北京：中国建筑工业出版社，2012．

[117] Scruton C．On the Wind-excited Oscillations of stacks，towers and masts [J]．Proceedings of international conference on wind Effects on Build and Structures，1963，1．

[118] Marris A W．A review on vortex streets，periodic wakes，and induced vibration phenomena [J]．Journal of Fluids Engineering，1964，86（2）：185．

[119] Kwok K C S，Melbourne W H．Wind-induced lock-in excitation of tall structures [J]．Journal of the Strctural Division，ASCE 1981，107（ST1）：58-72．

[120] Kawai H．Effects of angle of attack on vortex induced vibration and galloping of tall buildings in smooth and turbulent boundary layer flows [A]．Proceedings of the Third Asia-Pacific Symposium on Wind Engineering [C]．Hong Kong，1993：323-328．

[121] 梁枢果，顾明，张锋，等．三角形截面高柔结构横风向振动的风洞试验研究 [J]．空气动力学学报，2000，18（2）：172-179．

[122] 梁枢果．高耸结构与高层建筑涡激振动与驰振的研究 [R]，土木工程防灾国家重点实验室开放课题基金项目结题报告，1998．

[123] Tamura Y，Suganuma S Y．Evaluation of amplitude-dependent damping and natural frequency of buildings during strong winds [J]．Journal of Wind Engineering and Industrial Aerodynamics，1996，59（2-3）：115-130．

多自由度气弹模型制作及风洞试验

本章归纳对比了不同风洞试验方式的优劣[1~16]，提出了本书所应用的多自由度气弹模型改进制作方法，最后给出了本书所涉及的试验工况。

2.1 气弹模型简介

风工程研究和实际工程项目抗风验算的风洞试验方式通常有测力天平、刚性模型测压、强迫振动、气动弹性模型等，其中，气动弹性模型尤其是多自由度气弹模型被认为是最为精确的试验方式。一般来说，对于高度不大或气弹效应不太显著的超高层建筑，通常采用刚性模型测压试验或测力天平试验进行抗风分析，而更为高柔的结构则常常要进行气弹模型试验。本书主要进行了多自由度气弹模型试验。

2.1.1 气弹模型试验的优势

气弹模型试验可以直接得到包含气弹效应的风致响应结果，根据模型的复杂程度不同，高层建筑气弹模型风洞试验可以分为两种：分段式多自由度气弹模型和底部弹性元件支撑刚性模型的单自由度气弹模型。

多自由度气弹模型试验的基本思路是，直接用动力特性与实际结构相似的弹性模型模拟实际结构在风荷载作用下的运动。试验模型除了模拟建筑的外形外，还要模拟结构的质量和刚度分布以及结构阻尼特性。根据高层建筑风致振动响应的特点，通常只需模拟结构的前几阶模态的影响。

2.1.2 气弹模型风洞试验的相似准则

风洞试验是用模型模拟原型所表现出的物理现象，借助相似理论可以将试验数据还原到原型结果。对于刚性模型试验需满足以下两个相似条件：

（1）几何相似：两个物体，其中一个经过三维等比例缩尺或放大后和另外一个物体完全重合，则称物体几何相似。

（2）流场相似：两流场的空间、时间对应点上所有表征流场的对应物理量都保持各自固定比例关系则称为流场相似。

其中，流场相似准则的一个重要参数是斯托罗哈数相似，即：

$St_m = St_p$ 即：$f_m B_m / v_m = f_p B_p / v_p$

f、B 和 v 分别为流体脉动特征频率、物体特征尺寸以及风速，下标 m 和 p 分别表示模型和实际结构。它反映的是两个相似流场非定常惯性力和定常惯性力之比相等。

而对于气弹性模型则通常还需满足以下四个条件：

1）弗劳德数相似

$$(v^2/Bg)_m = (v^2/Bg)_p$$

弗劳德数相似主要用于桥梁、船舶等上下振动较显著的情况，本书气弹模型没有用到此相似准则。

2）动力特性相似

$$f_m/f_p = t_m/t_p$$

同时，气弹性模型与实际结构的振型阻尼比与振型还应满足如下条件：

$$\xi_{jm}/\xi_{jp} = \varphi_{jm}(z)/\varphi_{jp}(z) = 1$$

3）质量相似

$$(\rho_s/\rho_a)_p = (\rho_s/\rho_a)_m$$

4）柯西数相似

$$V_p/V_m = \sqrt{F_p/E_m}$$

可以推算，当质量、频率、尺寸等相似比满足时，柯西数的相似是自动满足的。

上式中各参数的含义为：

V_p、V_m——实际风速和试验风速；

B_p、B_m——结构实际特征尺寸和试验模型特征尺寸；

E_p、E_m——结构实际材料弹性模量和试验模型材料弹性模量；

$(\rho_s/\rho_a)_p$——由结构外轮廓体积决定的结构材料密度和空气密度之比；

$(\rho_s/\rho_a)_m$——试验模型材料密度和空气密度之比；

f_p、f_m——实际结构特征频率和试验模型特征频率；

ξ_{jp}、ξ_{jm}——实际结构和试验模型分别在第 j 振型的阻尼比；

φ_{jp}、φ_{jm}——实际结构和试验模型的第 j 振型。

2.2　多（单）自由度气弹模型设计

2.2.1　超高层建筑通常的动力特性

（1）结构密度

所用的风洞试验模型的质量密度在 130~~~400kg/m³ 的范围内变化，例如，我国上海市的金贸大厦（高 420m）的质量密度为 220kg/m³ 左右。

（2）结构固有频率

Tamura Y 对日本大量建筑的实际测量得到如下超高层建筑一阶振动周期的拟合公式：

$$T_1 = \begin{cases} 0.015H（钢筋混凝土建筑） \\ 0.020H（钢结构建筑） \end{cases}$$

我国《建筑结构荷载规范》GB 50009 规定一般高层建筑一阶自振周期按下式近似计算：

$$T_1 = \begin{cases} (0.05 \sim 0.10)n（钢筋混凝土结构） \\ (0.10 \sim 0.15)n（钢结构） \end{cases}$$

式中，n 为建筑层数。

（3）结构阻尼比

超高层建筑的结构阻尼比通常认为在 1% ~ 2% 范围内。在高层建筑气弹模型风洞试验既有研究资料中，试验模型的结构阻尼比通常取值范围较大，以涵盖住实际结构的阻尼比的取值范围。

2.2.2　模型相似比

几何缩尺比 $\lambda_L = 1/600$，10cm×10cm×100cm 模型模拟的是 600m 的超高层建筑，风速比 $\lambda_U = 1/6$，时间缩尺比（频率缩尺比）$\lambda_t = 1/\lambda_f = 1/100$。

模型频率比为 $\lambda_f = f_m/f_p = 100$，因此高宽比 $H/\sqrt{BD} = 10$ 的模型频率为 $f_m = 100f_p = 8.33 \sim 11.11$Hz。

空气质量密度比为 $\lambda_{\rho_a} = 1$，质量比为 $\lambda_M = \dfrac{1}{600^3}$，模型的总质量为 1.3~3.3kg。

2.2.3　模型骨架改进设计

既有气弹模型制作方法（图 2-1）具体来说：①采用中间一根立柱的方式较为简易，但常常会使扭转向刚度严重偏大，其振型成分主要为弯曲型，且不具有可调性；②用弹性隔板的方式从理论来说可以考虑高阶振型贡献和不同方向振型的耦合作用，尤其是可精确地调节扭转向振动特性，这种方式能够比较合理地模拟实际结构，但制作要求和难度极高，至今仍很少见到此种模型应用于实际；③采用四周可移动立柱的方式可调性较强，制作过程亦较为便捷，当立柱靠向中间时弯曲成分所占比例较大且扭转刚度和二阶平动频率相对提高，这种方式对高宽比不太大的建筑较为适用，而对更为高柔（如高度大于 600m）的结构则有其局限性，因为对于较高柔或高宽比较大的建筑，其 $\lambda_\theta = f_\theta/f_1$ 通常较大，而 $\lambda_2 = f_2/f_1$ 则相对较小，例如天津高银 λ_θ 为 2.62，长沙 J220 的 λ_θ 和 λ_2 分别为 2.08 和 2.23，所以四根立柱加方板的方式通常造成扭转频率较低而二阶平动频率较大。结合上节分析可知，在气弹模型制作时应尽可能地保证各阶频率与实际结构一致（图 2-2）。

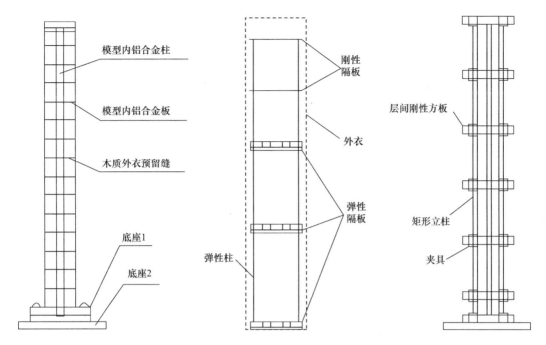

图 2-1　既有 MDOF 模型制作方法

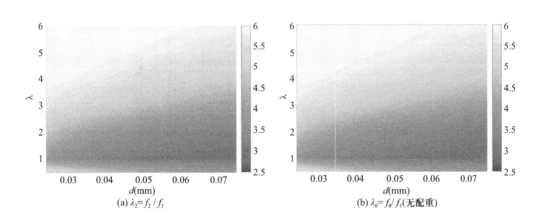

(a) $\lambda_2 = f_2/f_1$　　　　　　　(b) $\lambda_0 = f_0/f_1$(无配重)

图 2-2　细柱间距与频率比的关系

本书中，气弹模型的制作思路是：为满足铝板的刚度和质量要求，选用板材为厚10mm的异形铝板；在模型中心设置了一方形立柱，用以保证模型的整体稳定性、弯曲振型的特性和高阶振型与低阶振型的相对关系；四边有四根 3～5mm 的方形柱可以左右（前后）移动以调节刚度，并控制偏心的具体位置；为控制方柱的移动精度及牢固程度，在刚性方板上设置了若干卡槽；刚性铝板上 8 个竖向备用螺孔可用于固定特制的质量块；对于通常来说较难实现的阻尼调节问题，采用了在模型内部加泡沫条的方法进行调节（图 2-3、图 2-4）。

按照上述设计方法建立有限元模型，计算的模型平动和扭转振型图，并进行了动力特性测验，结果表明，该气弹模型能够很好地模拟实际结构的动力特性（图 2-5、图 2-6）。

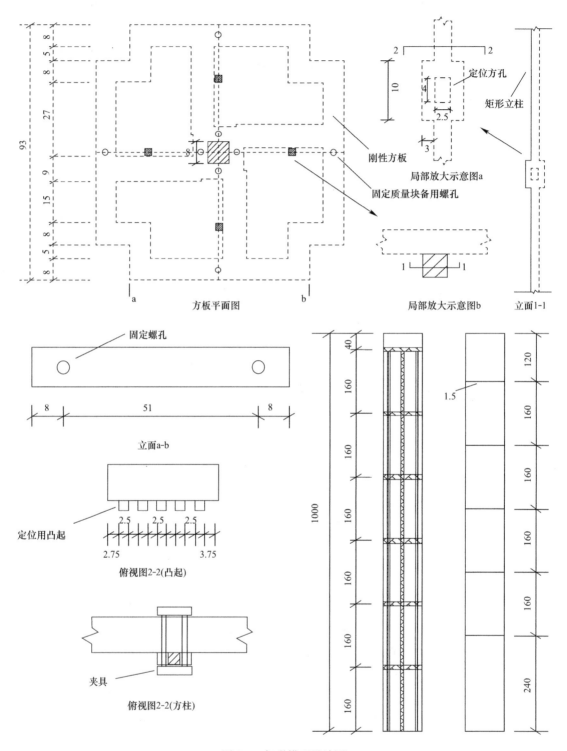

图 2-3 气弹模型设计图

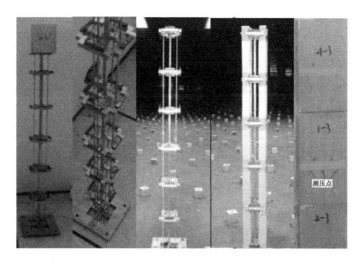

图 2-4　气弹模型效果图

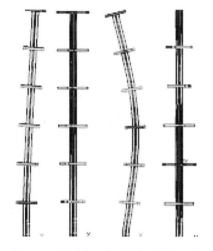

图 2-5　模型前两阶平动与扭转振型图

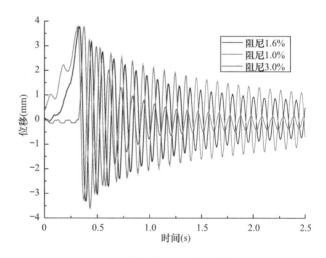

图 2-6　模型自由振动衰减曲线

2.3　风洞试验概况

2.3.1　风洞简介

气弹模型风洞试验在武汉大学 WD-1 风洞进行，它是由南京航空航天大学空气动力研究所设计、绵阳六维科技有限责任公司承建的直流吸气式边界层风洞。该风洞试验段长×宽×高＝16m×3.2m×2.1m，最大风速为 30m/s，试验风速由 1~30m/s 连续可调。通过风洞试验段上游设置的尖劈、粗糙元组合能准确地模拟不同缩尺比的大气边界层风场特性。直径 2.5m 的自动控制工作转盘可以模拟 0°~360°任一风向角的模型试验风场。经检测，该风洞的各流场品质参数均满足设计要求。其气动轮廓图如图 2-7 所示。

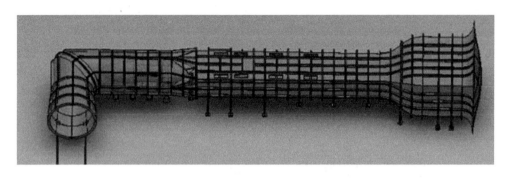

图 2-7　WD-1 风洞气动轮廓图

2.3.2　试验所测数据及所需仪器介绍

该试验需要测量不同风速下气弹模型的横风向（及部分顺风向）风致响应，故所需测量的数据有风速、位移和加速度。采用的仪器设备为澳大利亚 TFI 公司生产的 Cubra Probe 100 眼镜蛇三维脉动风速探头（图 2-8），以及日本 Keyence 公司生产的 LK-G400 激光位移计和加速度传感器（图 2-9）。

图 2-8　眼镜蛇风速探头　　　　　图 2-9　风致响应计测量系统（加速度和位移）

风洞试验所用眼镜蛇 Cubra 306 的采样频率为 1250Hz，采样时间为 90.112s，采样总点数为 112640 个，数据优良率为 100%。其探头安装在风洞中自制的铁架上，用螺栓固定，高度与模型高度相等，前后位置基本与模型迎风面齐平，距离模型 50cm 的水平距离。

LK-G400 激光位移计由一个探头和一个采集系统组成，设定采样周期为 200μs，存储间隔数设为 10，即采样频率 500Hz，采样时间 120s，采样总点数 24000 个点。激光位移计探头位置基本与模型迎风面齐平，距离模型 45cm 的水平距离，这样既保证了测得模型所受的风速的准确性，又保证了在风素流下模型的振动不受仪器支撑架的影响。加速度传感器置于模型内部刚性方板上，从风洞底板下部引出。

2.3.3 风场模拟

试验风场类型主要为均匀流、B类粗糙度流场、D类粗糙度流场三种（图2-10～图2-12）。

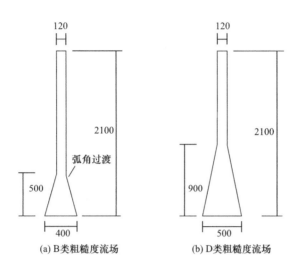

(a) B类粗糙度流场　　　　　(b) D类粗糙度流场

图 2-10　尖劈轮廓示意图

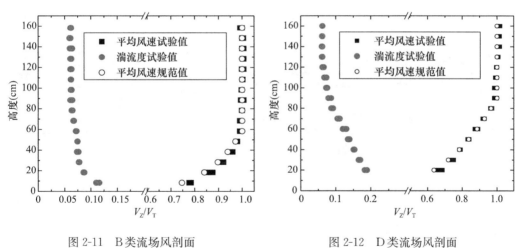

图 2-11　B类流场风剖面　　　　　　　图 2-12　D类流场风剖面

2.3.4 试验工况

对于外形相同的气弹模型来说，风致响应的主要控制因素可归结为斯科拉顿数：

$$Sc = \frac{2M_1^*}{\int_0^H \phi^2(z)\mathrm{d}z} \cdot \frac{\xi_{\mathrm{s}}}{\rho_{\mathrm{a}} D^2} = \frac{\int_0^L m(z)\phi^2(z)\mathrm{d}z}{\int_0^H \phi^2(z)\mathrm{d}z} \cdot \frac{2\xi_{\mathrm{s}}}{\rho_{\mathrm{a}} D^2}$$

$$M = \frac{\int_0^L m(z)\phi^2(z)\mathrm{d}z}{\int_0^H \phi^2(z)\mathrm{d}z}$$

式中，L 为竖向质量分布的总长度；H 为模型高度；$m(z)$ 为模型分布质量；$\phi(z)$ 为振型；M 为均匀当量质量；ξ_s 为结构阻尼比；ρ_a 为空气密度；D 为模型迎风面宽度。

例如，模型的基本参数为：

高宽比：$H/\sqrt{BD}=10$

长宽比：$B/D=1$

边长：$B=D=10\mathrm{cm}$

横风向结构阻尼比：$\xi_{sy}=0.7\%$

模型振动频率：$f_x \approx f_y = 9.89\mathrm{Hz}$

空气的密度：$\rho_a=1.205\mathrm{kg/m^3}$

均匀当量质量：$M=2.27\mathrm{kg/m}$

则其斯科拉顿数为：$Sc=\dfrac{2M\xi_{sy}}{\rho_a D^2}=\dfrac{2\times2.27\times0.007}{1.205\times0.1\times0.1}=2.50$

方截面模型尺寸共有 3 种，其横断面尺寸都是 $0.1\mathrm{m}\times0.1\mathrm{m}$，高宽比分别为 10、13、16，分别对应了 600m、780m、960m 高的建筑（图 2-13）。

长方形截面模型尺寸共有两种，其横断面尺寸都是 $0.1\mathrm{m}\times0.2\mathrm{m}$，高度分别为 1.3m 和 1.6m，对应了 780m 和 960m 高的建筑（图 2-14）。

图 2-13　模型照片（高宽比依次为 10、13、16）

图 2-14　长方形模型照片
（高度依次为 1.3m、1.6m）

正三角形模型的尺寸为 $1.0\mathrm{m}\times0.152\mathrm{m}$，即高度为 1m，边长为 0.152m，高宽比为 10，对应实际 600m 高的超高层建筑（图 2-15）。

正六边形模型高度为 1m，高宽比为 10，对应实际 600m 高的超高层建筑（图 2-16）。

图 2-15 正三角形模型照片

图 2-16 正六边形模型照片

2.4 小结

本章首先简要对比了测力天平、刚性模型测压、强迫振动、气动弹性模型四种试验手段的特点。然后详细介绍了风洞试验所用的多自由度节段式气弹模型的设计依据和制作方法，给出了气弹模型风洞试验的基本情况，包括风洞简介、风场调试方法和结果、试验工况设计尤其是模型参数调试结果、试验测量对象和测量仪器。最后又着重分析了底部弹性支撑的摆式气弹模型和多自由度气弹模型试验结果的差异。分析发现，对方形截面高柔建筑而言，摆式模型所得的横风向风致响应在小风速下比多自由度模型略大，而在包含横风向共振风速在内的大风速下则明显大于多自由度模型。究其原因，是由于只模拟一阶振型的摆式模型在反映流固互制气弹效应方面不够真实且不及多自由度模型精细，即不同振型对气弹效应影响不同所致。具体来说，气动阻尼特性、气动刚度特性和表面风压相干性等倾向于使摆式模型出现相对较大的风致响应，这就进一步证实了本书提出的多自由度气弹模型设计制作方法的改进之处。

本章参考文献

[1] 顾明，周印，张锋，等. 用高频动态天平方法研究金茂大厦的动力风荷载和风振响应 [J]. 建筑结构学报，2000，21（4）：55-61.

[2] 梁枢果，邹良浩，郭必武. 基于刚性模型测压风洞试验的武汉国际证券大厦三维风致响应分析 [J]. 工程力学，2009，26（3）：118-127.

[3] Vickery B J，Steckley A. Aerodynamic damping and vortex excitation on an oscillating prism in turbulent shear flow [J]. Journal of Wind Engineering and Industrial Aerodynamics，1993，49（1）：121-140.

[4] 曹会兰，全涌，顾明，等. 独立矩形截面超高层建筑的顺风向气动阻尼风洞试验研究 [J]. 振动与冲击，2012，31（5）：122-127.

［5］ 吴海洋. 矩形截面超高层建筑涡激振动风洞试验研究［D］. 武汉：武汉大学，2008.

［6］ Yoshie R，Kawai H，Shimura M. A study on wind-induced vibration of super high rise building by multi-degree-of freedom model［J］. Journal of Wind Engineering and Industrial Aerodynamics，1997，69-71：745-755.

［7］ Fediw A A，Nakayama M，Cooper K R，et al. Wind tunnel study of an oscillating tall building［J］. Journal of Wind Engineering and Industrial Aerodynamics，1994，57（2-3）：249-260.

［8］ 邹良浩，梁枢果，汪大海，等. 基于风洞试验的对称截面高层建筑三维等效静力风荷载研究［J］. 建筑结构学报，2012（11）：27-35.

［9］ 宋微微，梁枢果，邹良浩. 辛亥革命纪念碑风致响应的风洞试验研究［A］. 第八届风工程和工业空气动力学学术会议论文集［C］. 银川，2010：683-692.

［10］ Isyumov N. The aeroelastic modelling of tall buildings［C］. Proceedings of International Workshop on Wind Tunnel Modeling for Civil Engineering Application. Cambridge Universiy Press，1982.

［11］ 全涌，顾明，黄鹏. 超高层建筑通用气动弹性模型设计［J］. 同济大学学报，2001，29（1）：122-126.

［12］ 刘昊夫. 典型高层建筑气动弹性的实验研究［D］. 汕头：汕头大学，2011. 6.

［13］ 梁枢果，吴海洋，陈政清. 矩形超高层建筑涡激共振模型与响应研究［J］. 振动工程学报，2011（3）：24-29.

［14］ Kwok K C S，Melbourne W H. Wind-induced lock-in excitation of tall structures［J］. Journal of the Structural Division，1981，107（1）：58-72.

［15］ Cheng C M，Lu P C，Tsai M S. Acrosswind aerodynamic damping of isolated square-shaped buildings［J］. Journal of Wind Engineering and Industrial Aerodynamics，2002，90（12）：1743-1756.

［16］ Melbourne W H. Predicting the cross-wind response of masts and structural members［J］. Journal of Wind Engineering and Industrial Aerodynamics，1997，69（none）：91-103.

3

典型截面模型涡振响应

本章分析各气弹模型涡振响应风洞试验结果，包括位移响应时程、响应幅值、响应频谱、响应的概率密度特性等方面。

3.1 方截面模型涡振响应

3.1.1 方截面涡振响应位移时程

为表述方便且便于区别，以下分析中将方截面高宽比为 10、高度为 1m 的模型简称"方截面模型 10"，同样，"方截面模型 13""方截面模型 16"与此含义类似，将高度为130cm、160cm，长宽比为 1：2 的模型分别简称为"长方形模型 132"和"长方形模型162"。

表 3-1～表 3-3 再次给出了方截面模型高宽比 10、13、16 各工况参数调试结果，可以看出，各模型 Sc 的跨度范围较大，分别为 2.50～20.64、2.14～17.06、1.64～8.75，大致包络了相应实际结构可能出现的 Sc 值。

高宽比 10 方截面模型参数   表 3-1

工况编号	频率（Hz）	当量质量（kg/m）	阻尼比（%）	Sc 数
1	9.89	2.27	0.7	2.50
2	10.18	1.85	1.1	3.25
3	9.64	2.27	1.8	6.34
4	9.27	2.27	3.6	13.05
5	9.40	2.50	3.6	14.40
6	8.19	3.00	4.5	20.64

高宽比 13 方截面模型参数 表 3-2

工况编号	频率（Hz）	当量质量（kg/m）	阻尼比（%）	Sc 数
1	10.83	1.31	1.02	2.14
2	9.02	1.31	2.89	6.05
3	10.6	1.31	1.43	2.99
4	8.70	2.17	3.72	12.91
5	7.17	2.38	4.50	17.06

高宽比 16 方截面模型参数 表 3-3

工况编号	频率（Hz）	当量质量（kg/m）	阻尼比（%）	Sc 数
1	7.14	1.25	0.82	1.64
2	5.98	1.81	0.82	2.38
3	7.02	1.25	1.33	2.60
4	5.19	2.38	1.11	4.25
5	5.68	2.38	1.71	6.31
6	5.07	2.38	2.30	8.75

图 3-1 给出了几个典型工况的涡振响应时程（附图 1-1～附图 1-6 给出了均匀流和 D 类流场中最大和最小 Sc 工况下，不同折算风速的涡振位移时程），从不同方截面模型的位移响应时程来看，在折算风速较小时，涡振位移时程具有很大的随机性（图 3-1a），其幅值很不稳定，随着折算风速的增大，涡振位移时程接近于简谐（图 3-1b），当折算风速在临界风速（约 10.5）附近时，位移时程的简谐性达到最强，但并非理想的简谐振动，而是在某些时间段内简谐性较强，即呈现出很大的间歇性，本书称其为"间歇性共振"，这与既有很多文献尤其是涡振响应评估模型方面的文献结果有很大不同[1,2]，当折算风速继续增大，位移时程又重现出较明显的随机特性（图 3-1c），但较之小风速（小于临界风速）的时程，其振幅则相对稳定；对比不同 Sc 模型的时程可知，Sc 越小其位移时程越接近于简谐；就不同风场的结果而言，流场越粗糙其位移时程随机性越明显。就不同高宽比的模型而言，模型高宽比越大，其涡振响应幅值越大，且简谐性质越明显（图 3-2）。

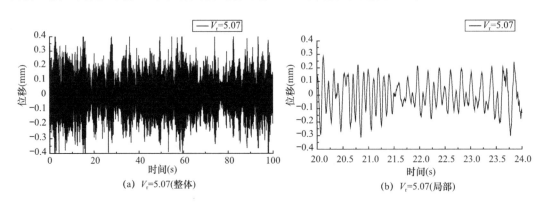

(a) $V_r=5.07$(整体) (b) $V_r=5.07$(局部)

图 3-1 共振前后位移响应时程典型曲线（方截面模型 10，$Sc=2.50$，均匀流场）（一）

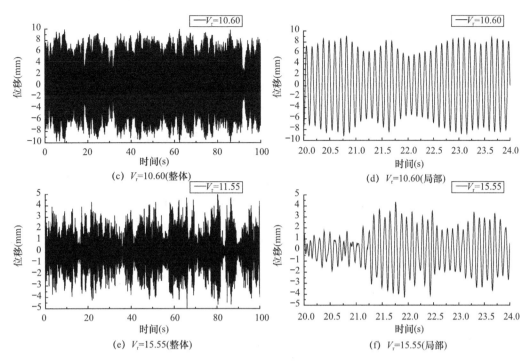

(c) V_r=10.60(整体)

(d) V_r=10.60(局部)

(e) V_r=15.55(整体)

(f) V_r=15.55(局部)

图 3-1 共振前后位移响应时程典型曲线（方截面模型 10，Sc=2.50，均匀流场）（二）

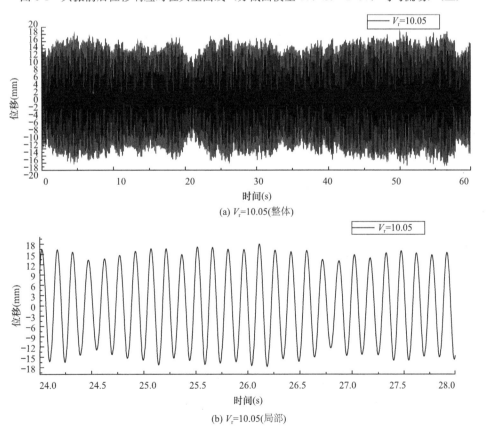

(a) V_r=10.05(整体)

(b) V_r=10.05(局部)

图 3-2 方截面模型 13 共振位移时程曲线（方截面模型 13，Sc=1.64，均匀流场）

3.1.2　方截面模型涡振位移响应幅值

图 3-3、图 3-4 分别给出了方截面模型 10 在均匀流和 D 类流场不同折算风速下的位移响应均方根值、最大值和极值峰因子，此处的极值峰因子的含义为响应最大值幅值与均方根值之比，它并不是一个严格的概念，只做辅助理解之用。从图 3-3 可以看出，在临界风速之前，涡振位移均方根值和最大值都很小，至临界风速附近迅速增大，而后又有所降低，且最大值的这种下降趋势不及均方根值明显，甚至在大折算风速（$V_r > 14$）下最大值又有所回升；从其极值峰因子来看，如果把均方根响应随折算风速变化的曲线看成倒"V"形，那么极值峰因子就呈现出与其对称的正"V"形，并都在临界风速附近达到极值。事实上，极值峰因子的大小是涡振位移时程曲线简谐程度的一种度量，理想简谐振动的峰因子为 1.414，图 3-3 中极值峰因子在涡振区域最小为 2，距离简谐振动还有很大差别，而共振区域之外的极值峰因子则明显偏大，很多都达到 4～5，说明此时涡振位移时程的随机性较强。

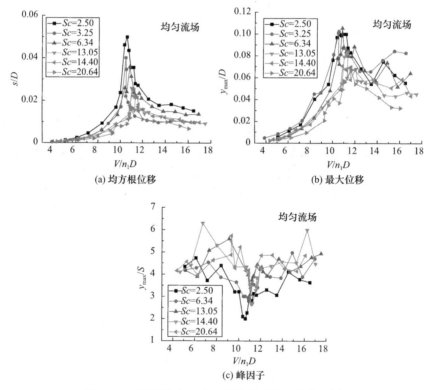

图 3-3　方截面模型 10 各工况位移响应（均匀流场）

对比图 3-3 与图 3-4 可知，D 类流场中均方根值、最大值和极值峰因子在临界风速之前的变化规律与均匀流场情况比较一致，而在临界风速之后，各曲线的下降（上升）趋势则不像均匀流那样明显，且在大折算风速下有明显的回升现象，即没有呈现出较强的"V"形特征，而是介于"V"形和"μ"形之间，究其原因是在 D 类流场中不同模型高度的来流风速大小不同，模型顶部最先达到临界风速，随着风速的增大模型自上而下也依次达到临界风速，因而对于整个模型来说并没有一个确定的临界风速和共振区域，而是在较大范围都发生了一定程度的共振，此外，还有气动阻尼等方面的原因将在第 4 章给予分析。

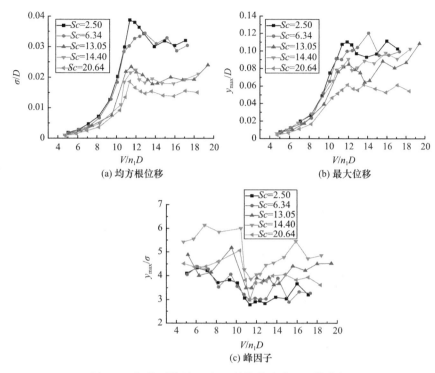

图 3-4　方截面模型 10 各工况位移响应（D 类流场）

图 3-5 给出了各模型在不同 Sc 下的位移均方根与截面宽度的比值，可以看出各模型均方根位移随 Sc 的增大而减小，结合图 3-3、图 3-4 可知，在 Sc 较大时模型仍存在共振现象，比较不同高宽比的均方根位移值可知，模型高宽比越大其位移均方根越大，且湍流场中的位移值一般要小于均匀流场，但随着模型高宽比的增大，这种现象趋于不显著，这是因为当模型较高时，模型上半部分都处在梯度风高度之上，此处的风速大小沿高度不再变化，且湍流度较小，与均匀流场十分类似，因而其涡振响应也与均匀流场结果相差不大。

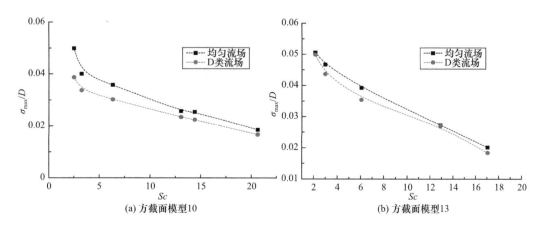

图 3-5　各模型不同 Sc 下共振均方根位移响应（一）

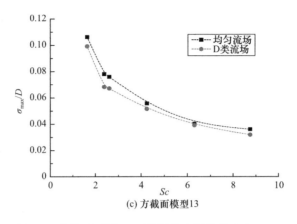

(c) 方截面模型13

图 3-5 各模型不同 Sc 下共振均方根位移响应（二）

3.1.3 方截面涡振响应概率密度特性

如上所述，由于不同 Sc 模型位移时程的间歇程度不同，均方根位移响应并不足以完全描述位移响应水平，对此可以有两种方法来评价共振前后尤其是共振区域的响应水平，一是用脉动位移时程的均方根值配合一定保证率的峰因子来表述，二是用极值位移响应每个周期幅值的均值（即平均幅值）配合相应保证的系数（本书称其为幅值峰因子）来表述。鉴于风工程惯用的涡振位移评估模型是假定共振位移时程为简谐曲线，其评估对象是共振位移幅值而非均方根值，考虑本书试验涡振位移幅值的不稳定性，既有评估模型的位移幅值事实上和平均幅值是对应的，配合一定的保证率系数就可以完全衡量出涡振响应水平。因而围绕此问题对时程的概率密度进行分析，以进一步认识涡振不稳定时程的概率特性，分析其平均幅值和幅值峰因子的变化规律，为后面章节涡振响应评估模型的建立做铺垫。

图 3-6 给出了不同折算风速下位移响应时程和理想简谐振动的概率密度曲线，从图 3-6(a) 可以看出，在折算风速较小时，位移响应的概率密度曲线近似为正态分布，且在 0 附近的概率最大，而在共振区域的概率密度曲线则与简谐振动概率密度曲线比较类似（图 3-6b），即中

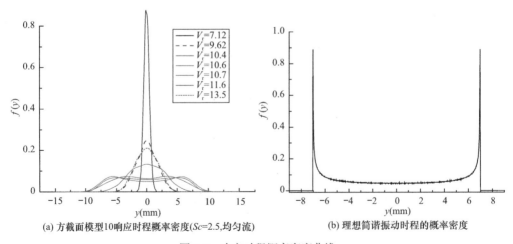

(a) 方截面模型10响应时程概率密度(Sc=2.5,均匀流)　　(b) 理想简谐振动时程的概率密度

图 3-6 响应时程概率密度曲线

间低两端高，呈"M"形，随着折算风速的继续增大，整个时程的概率密度曲线又近似为正态分布，但0附近概率值明显小于小风速（共振前的风速）在0处概率值，这也说明共振时的位移响应均方根值要大于共振前。

图3-7为方截面模型10振幅的概率密度曲线，图中 y_{max} 表示每一个振动周期的最大振幅，它包括该振动周期的最大正极值和最小负极值。从图3-7可以看出，涡振位移极值概率密度曲线也呈"M"形，事实上，如果涡振是振幅稳定的简谐振动，其响应极值就是一个定量，相应的概率密度会集中于两个点上，而图3-8中极值概率密度在较宽的区域内都有相当大的概率值，这说明涡振响应极值（即振幅）很不稳定。涡振临界风速附近的概率分布相对比较集中，说明此时的

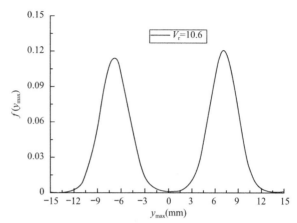

图3-7　方截面模型10振幅的
概率密度（$Sc = 2.5$，均匀流）

涡振响应极值相对稳定，但远远不是一个定值。通常来说，对于振动幅值人们所关心的是其绝对值的大小，图3-8为各工况的涡振响应振幅平均值，可以看出该图的结果与图3-5十分一致。

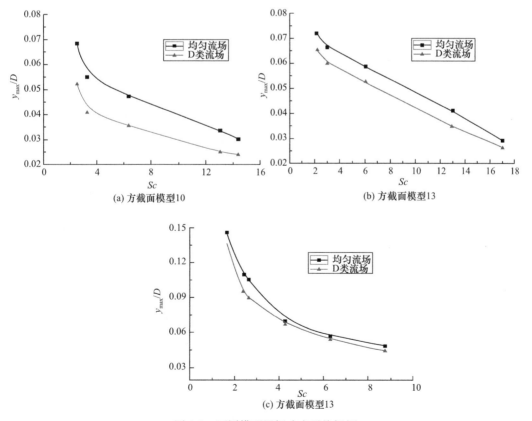

(a) 方截面模型10

(b) 方截面模型13

(c) 方截面模型13

图3-8　不同模型涡振响应平均振幅

图 3-9 给出了方截面模型 10 不同 Sc 工况振幅绝对值的概率密度曲线。从图 3-9 可以看出：a. 斯科拉顿数越大的工况，概率密度曲线峰值位置越靠近 0 竖轴，这显然是由该工况振幅较小所致；b. 斯科拉顿数越大的工况，概率密度曲线峰值越大，结合前文分析可知，这一现象并不能说明该工况的振动幅值随时间的变化是相对稳定的，相反，该曲线较显著的右拖尾说明了位移振幅的波动很大，至于峰值较大则是因为其响应值相对较小，即整体来说大斯科拉顿数模型的位移响应集中在较小的范围内，因而此范围内的概率密度较大，而其右拖尾则表明在某些时间段内又有较大幅值出现，因而，就振幅随时间的变化而言则是相对离散的，或者说间歇性更显著。

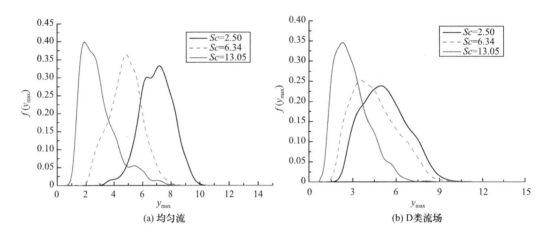

图 3-9　方截面模型 10 振幅绝对值的概率密度

图 3-10 为方截面模型 13 振幅绝对值的概率密度曲线，图 3-10（a）则揭示了概率分布的另一种情况：对于两个斯科拉顿数都很小的工况，大斯科拉顿数（$Sc=2.99$）模型响应的概率密度曲线峰值可能更低，这并不意味着此种情况下的振幅就大，只能说该工况的振幅在较大范围内都有高的概率，这反而是一种随机性的表现，加之 $Sc=2.99$ 的工况概率密度曲线在振幅小于 6 的曲线的概率密度相对较大，因而该工况的涡振响应整体值仍然是小于 $Sc=2.14$ 的工况，这与前文结果是一致的。

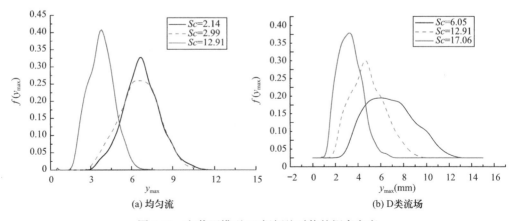

图 3-10　方截面模型 13 振幅绝对值的概率密度

图 3-11 为方截面模型 16 振幅绝对值的概率密度曲线，可以看出，同样 Sc 工况相比，湍流场的概率分布相对较为离散。事实上，对于涡振响应统计特性的定性规律来说，"小 Sc 模型与大 Sc 模型工况的差别"与"均匀流场与湍流场工况的差别"及"大高宽比与小高宽比的差别"三者是类似的，即模型高宽比越大、流场越光滑或者 Sc 越小，其涡振响应的统计特性与简谐振动越接近，但是，仅从概率密度曲线难以直接、全面地观察出其响应和简谐振动的接近程度，对此本书不再做更为深入的研究。

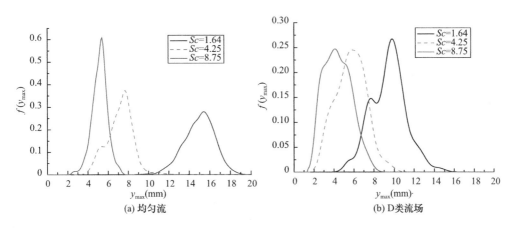

(a) 均匀流　　　　　　　　　　　　　　(b) D 类流场

图 3-11　方截面模型 16 振幅绝对值的概率密度

3.1.4　方截面涡振位移响应位移谱

以方截面模型 10 为例，图 3-12～图 3-15 给出了典型几个工况共振前后位移响应归一化功率谱可以看出，在临界风速之前位移响应谱呈双峰状，第一个峰对应了漩涡脱落频率，第二个峰对应体系振动频率，且流场越粗糙或 Sc 越大，第一个峰能量相对越强。在共振区域之内，位移谱呈单峰状，此时漩涡脱落频率与体系振动频率近似相等，说明存在一定程度的锁定现象；当折算风速继续增大，位移谱又呈现微弱的双峰状，其中第二个峰对应了漩涡脱落频率，但该峰能量值很低，且流场越粗糙该峰能量越低。

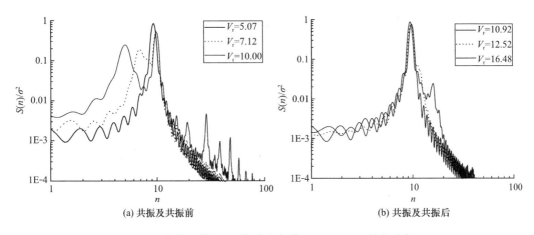

(a) 共振及共振前　　　　　　　　　　(b) 共振及共振后

图 3-12　方截面模型 10 位移响应谱（$Sc-2.50$，均匀流场）

(a) 共振及共振前　　(b) 共振及共振后

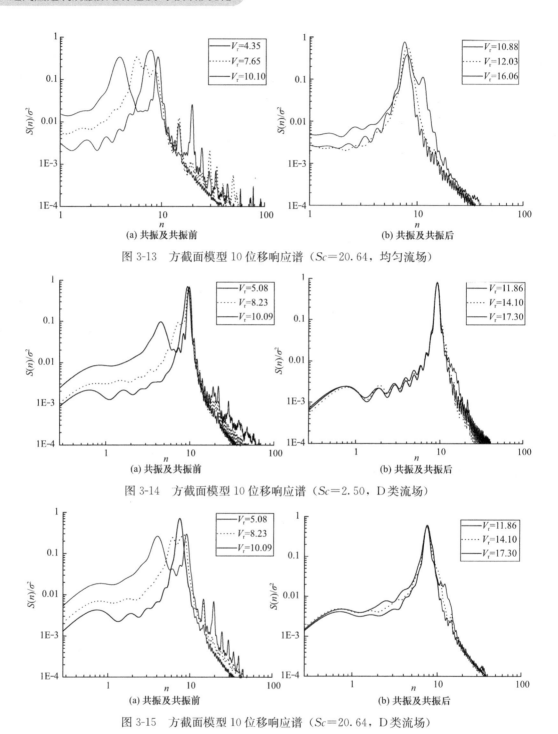

图 3-13　方截面模型 10 位移响应谱（Sc=20.64，均匀流场）

(a) 共振及共振前　　(b) 共振及共振后

图 3-14　方截面模型 10 位移响应谱（Sc=2.50，D 类流场）

(a) 共振及共振前　　(b) 共振及共振后

图 3-15　方截面模型 10 位移响应谱（Sc=20.64，D 类流场）

整体来看，各工况位移谱都是以对应体系振动频率的谱峰能量占主导，在共振区域外该峰之外能量也占了相当一部分，即便在共振区域内该峰之外能量仍不可忽视，换句话说，共振时的位移谱峰并不是理想纯粹的“尖峰”“窄峰”，这一点也说明涡振位移时程并不是完美的简谐曲线，而是包含了相对丰富的频率成分。

通过位移谱可以识别得到不同折算风速下的体系振动频率，以考察涡振前后体系频率是否稳定，或者说是否存在气动刚度或气动质量使体系频率产生了变化，这一点在下一章专门讲述。

3.1.5　方截面偏心模型涡振位移响应幅值

表3-4、表3-5再次给出了方截面偏心模型的工况参数，图3-16给出了涡振响应均方根统计结果，此处只分析均匀流工况结果。从图3-16（a）可以看出：对于前后偏心的模型，当质心偏向前方时，在不同折算风速下的涡振位移均方根都与不偏心时近乎相等；当模型质心偏向后方时，偏心模型在临界风速之前的涡振均方根位移与不偏心时近似相等，在共振区域比不偏心时略大，在共振时候却明显小于不偏心模型。从图3-26（b）可以看出：当质心偏向一侧时，涡振响应随着折算风速的变化曲线差别很小，只能说在共振位移达到最大时，大偏心模型的涡振响应均方根略大。

高宽比13方截面偏心模型参数（前后偏）　　表3-4

工况	频率（Hz）	当量质量（kg/m）	阻尼比（%）	Sc 数	偏心情况（%）
1	8.18	2.00	3.50	11.62	前偏8
2	8.22	2.00	3.46	11.52	偏心0
3	8.18	2.00	3.50	11.62	后偏8

高宽比13方截面偏心模型参数（左右偏）　　表3-5

工况	频率（Hz）	当量质量（kg/m）	阻尼比（%）	Sc 数	偏心情况（%）
1	7.93	2.00	2.80	8.96	偏心0
2	7.99	2.00	2.85	9.11	左偏8
3	7.82	2.00	2.80	8.96	左偏12

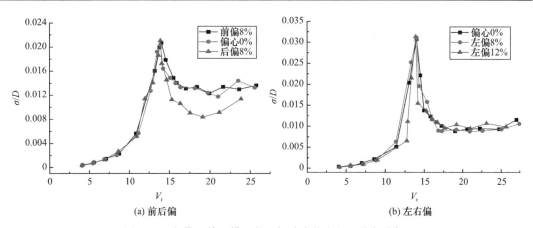

图 3-16　方截面偏心模型的涡振响应均方根（均匀流场）

3.2　长方形截面模型涡振响应

本节分析长方形不偏心和偏心模型的涡振响应结果，对于频域结果的规律性与上述方截面模型十分类似，限于篇幅，此处不再介绍。

3.2.1 不偏心模型涡振位移响应幅值

本节分析不偏心长方形模型在短边迎风和长边迎风时的涡振情况。表 3-6～表 3-8 为分析工况。

长方形模型 132 强轴向自振参数　　　　　　　　　　表 3-6

工况编号	频率（Hz）	当量质量（kg/m）	阻尼比（%）	Sc 数
1	8.12	1.67	1.9	2.53
2	7.39	1.95	2.3	3.59
3	6.96	2.22	2.7	4.86
4	6.71	2.50	2.5	4.99

长方形模型 132 弱轴向自振参数　　　　　　　　　　表 3-7

工况	频率（Hz）	当量质量（kg/m）	阻尼比（%）	Sc 数
1	5.62	1.67	1.6	2.15
2	4.94	1.95	2.4	3.79
3	4.58	2.22	3.4	6.08
4	4.39	2.50	3.6	7.15

长方形模型 162 自振参数　　　　　　　　　　表 3-8

轴向	频率（Hz）	当量质量（kg/m）	阻尼比（%）	Sc 数
弱轴向	4.27	1.81	1.05	1.52
强轴向	6.16	1.81	1.40	2.03

3.2.1.1 长边迎风情况

图 3-17 给出了长方形模型 132 强轴向的涡振位移响应均方根，图中 D 表示迎风面尺寸，当长边迎风时，长宽比为 2 的长方形柱体斯托罗哈数 St 近似在 0.12 左右[3]，相应的共振临界风速约为 $V_r = 8.3$。

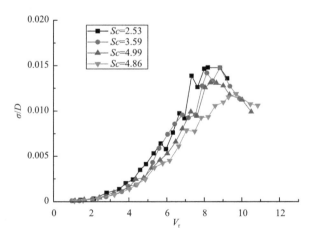

图 3-17　长方形模型 132 强轴向涡振响应均方根（D 类流场）

从图 3-17 可以看出，各工况均方根位移响应在临界风速附近出现了一定程度的突增现象，且小 Sc 工况的位移值相对较大。考察此时的涡振位移时程（图 3-18）可知，其位移时程具有一定的简谐性质，但涡振幅值的波动很大。

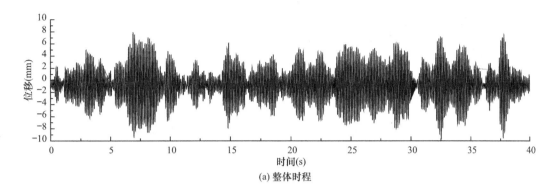

(a) 整体时程

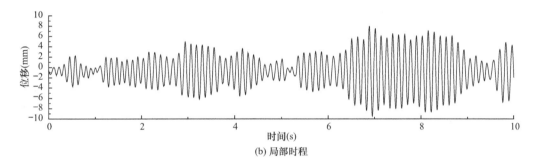

(b) 局部时程

图 3-18　长方形模型 132 强轴向涡振位移响应时程（$Sc=2.53$，$V_r=8.4$，D 类流场）

图 3-19 给出了长方形模型 162 在不同折算风速下的强轴向均方根位移响应，可以看出，涡振位移都在临界风速附近显著增大，考察此时的涡振位移时程（图 3-20）发现，涡振位移时程都呈现出较强的简谐性质，说明共振程度较显著。

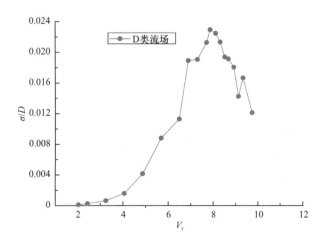

图 3-19　长方形模型 162 强轴向涡振响应均方根（D 类流场）

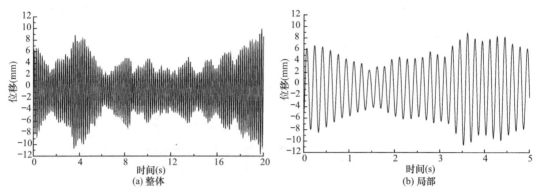

图 3-20　长方形模型 162 强轴向涡振响应时程（V_r＝8.1，D 类流场）

3.2.1.2　短边迎风情况

图 3-21 给出了长方形模型 132 弱轴向的涡振位移响应均方根，当弱轴向为横风向时（即短边迎风时），长宽比为 2 的长方形柱体斯托罗哈数 St 近似在 0.06 左右，对应的折算临界风速约为 17。

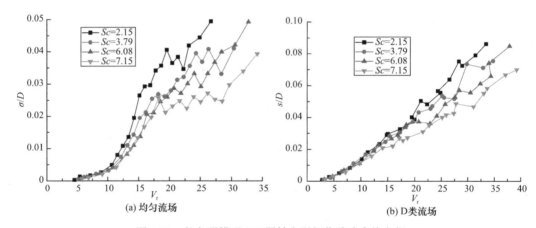

图 3-21　长方形模型 132 弱轴向涡振位移响应均方根

从图 3-21 可以看出，在均匀流场中，各工况均方根响应曲线在折算风速 18 附近有一定的上拱突增现象，但此时响应时程（图 3-22～图 3-24）的简谐性质并不明显；而在湍流

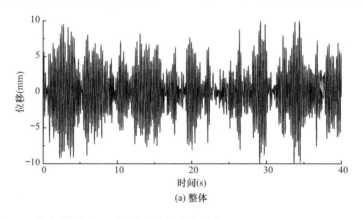

图 3-22　长方形模型 132 弱轴向涡振位移响应（Sc＝2.15，V_r＝19.2）（一）

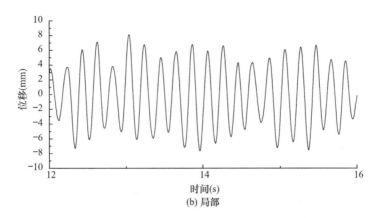

(b) 局部

图 3-22　长方形模型 132 弱轴向涡振位移响应（$Sc=2.15$，$V_r=19.2$）（二）

场中，各工况均方根响应曲线几乎为一直线，没有上凸现象，说明没有共振现象发生；对比均匀流场和湍流场的响应值可知，在共振风速附近，均匀流场的响应值要小于湍流场的响应值，这说明来流本身的脉动能量造成了较大的位移响应出现，同时也在一定程度上说明了，均匀流场的共振程度并不显著。

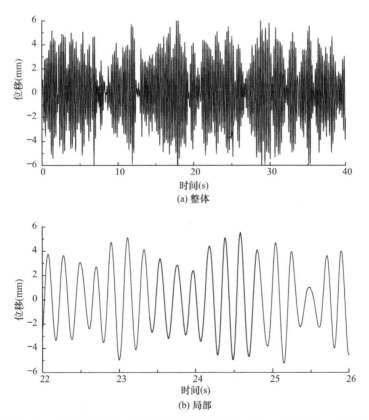

(a) 整体

(b) 局部

图 3-23　长方形模型 132 弱轴向涡振位移响应（$Sc=3.79$，$V_r=18.2$）

　　图 3-25 给出了长方形模型 162 弱轴向涡振位移响应均方根统计结果，可以看出，均匀流场曲线在临界风速附近有明显上凸现象，而湍流场中该现象不明显，说明均匀流场中

的共振程度更为显著。但要注意的是，与图 3-19 类似，尽管均匀流场的共振现象较明显，但其响应值与湍流场差别并不大。对比图 3-25 和图 3-19（b）可知，当短边迎风时，模型高宽比的增大，显著改变了共振发生情况，即高宽比的增大会显著增加长方形模型发生共振的可能性。

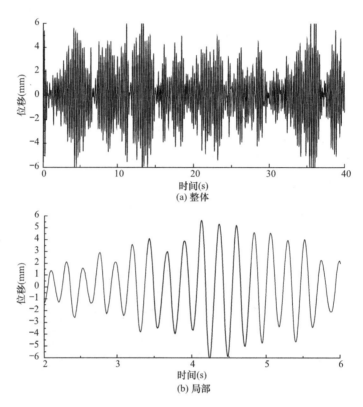

图 3-24　长方形模型 132 弱轴向涡振位移响应（$S_c=7.15$，$V_r=18.2$）

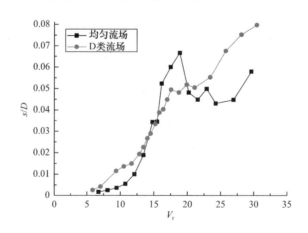

图 3-25　长方形模型 162 弱轴向涡振位移响应均方根（D 类流场）

　　整体来看，当长边迎风时，共振现象更容易发生，且共振位移幅值相对稳定，这是因为，此时两侧面相对宽度较小，相应的漩涡较为单纯，因而更容易生成有规律的涡脱现象。而短边迎风时，由于侧面宽度相对较大，响应的涡脱特性较为杂乱，难以形成规律性的交替涡脱现象，并且，当短边迎风时，高宽比对涡振响应的影响很大，这一点与前文方截面模型的结果有很大不同。

3.2.2　长方形偏心模型涡振位移响应幅值

表 3-9、表 3-10 给出了方截面偏心模型的工况参数，图 3-26 给出了偏心模型长边迎风时涡振响应均方根统计结果。可以看出：当质心偏向横风向一侧时，三种偏心率模型的响应均方根曲线形状十分类似，且偏心率越大的模型其涡振响应值就越小。

偏心模型横风向弱轴向自振参数　　　　　　　　表 3-9

工况	频率（Hz）	当量质量（kg/m）	阻尼比（%）	Sc 数	偏心情况（%）
1	4.68	2.22	3.4	6.08	前偏 9.0
2	4.52	2.22	3.4	6.08	前偏 4.5
3	4.58	2.22	3.4	6.08	偏心 0
4	4.52	2.22	3.4	6.08	后偏 4.5
5	4.68	2.22	3.4	6.08	后偏 9.0

偏心模型强轴向自振参数　　　　　　　　表 3-10

工况	频率（Hz）	当量质量（kg/m）	阻尼比（%）	Sc 数	偏心情况（%）
1	7.0	2.22	2.7	4.86	偏心 0
2	7.0	2.22	2.8	5.04	左偏 4.5
3	7.0	2.22	2.9	5.22	左偏 9.0

图 3-27 给出了偏心模型短边迎风时涡振响应均方根统计结果。可以看出：在 D 类流场中，各种偏心模型都未发生共振现象，偏心率越大，响应值越小，并且，后偏心模型的响应值比前偏心模型略大；均匀流场中，在临界风速之后偏心模型的涡振响应要小于不偏心模型；在临界风速附近时后偏心模型的涡振响应显著增大，以至于使位移曲线出现了较显著的上凸现象，说明当质心偏向下游会增加共振发生的可能性。

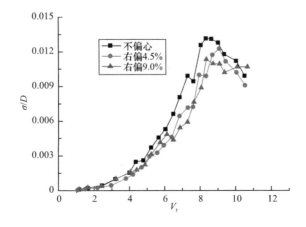

图 3-26　长方形模型 132 偏心模型强轴向涡振位移响应均方根（D 类流场）

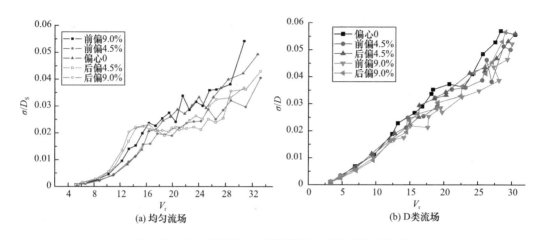

图 3-27　长方形模型 132 模型弱轴向涡振响应均方根

3.2.3　偏心模型共振前后扭转向位移响应

为了考察当质心偏向模型下游时，横风向大幅振动是否会造成较大的扭转向响应，鉴于均匀流场的共振情况较显著，此处以均匀流场中短边迎风时的工况 1（前偏 9%）、工况 3（不偏心）和工况 5（后偏 9%）为例，图 3-28（a）给出了不同折算风速下扭转角位移响应曲线，图 3-28（b）为不同折算风速下角点位移与中心点位移比值。

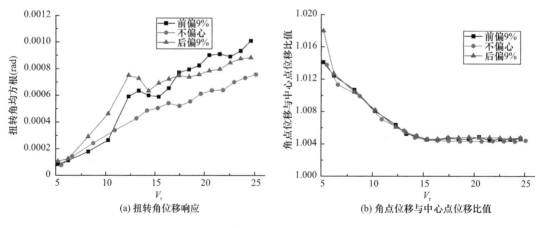

图 3-28　长方形模型 132 扭转向位移（均匀流场）

从图 3-28（a）可以看出，不偏心模型的角位移较小，前偏模型次之，后偏模型最大，且偏心模型的角位移曲线在共振风速处出现了上凸现象，事实上，这一上凸现象和图 3-27的横向涡振位移曲线是十分一致的，即横风向涡振位移较大时相应的扭转角也越大。从图 3-28（b）可以看出：不偏心模型的角点位移与中心点位移比值最小，后偏心模型最大，说明质心的偏移增大了模型的扭转向贡献；另一方面，角点位移与中心点位移比值都在2% 以内，这说明，尽管扭转角本身是很大的，但相对于横风向位移来说其贡献是微弱的，并且横风向位移越大，该比值就越小，这就造成了图 3-28（b）整体呈下降趋势。

3.3　正三角形截面模型涡振响应

梁枢果、顾明等[4]通过摆式气弹模型研究了三角形断面高柔结构的涡激共振特性，本节对三角形断面模型进行多自由度气弹模型试验亦是有意义的。

3.3.1　侧边平行于来流方向

表 3-11 给出了其中一个侧边与来流方向平行时三角形模型自振参数的统计结果。当来流平行于三角形柱体的一个侧边时，斯托罗哈数 St 约为 0.14，理论共振临界折算风速为 7.14，但由于地貌粗糙度类型为 B 类，本文参考风速是以模型顶部为基准的，因而实际共振风速通常要大于 7.14。图 3-29 给出了相应横风向涡振位移响应情况，图 3-30 给出了工况 1 在 V_r = 8.5 时的一段横风向涡振响应时程。

侧边平行来流方形时三角形模型自振参数　　　　　　表 3-11

工况	频率（Hz）	当量质量（kg/m）	阻尼比（%）	Sc 数	风向角	地貌类型
1	6.84	2.10	2.58	8.57	侧边平行	B
4	5.86	2.46	3.03	11.93	侧边平行	B
7	5.98	1.80	3.15	9.07	侧边平行	B

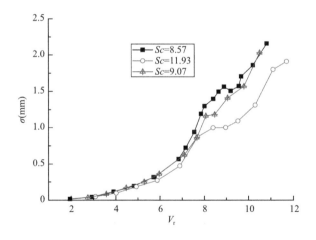

图 3-29　侧边平行来流方向时的涡振位移响应均方根

从图 3-29 和图 3-30 可以看出，当来流方向平行于三角形的一个侧边时，各工况的均方根位移响应曲线在临界风速附近有一定的上凸现象，但并不显著，此时的涡振位移响应时程简谐性质也不明显，说明此种风向角下三角形模型没有发生显著的共振现象。究其原因是，当一个侧面平行于来流方向时，与该侧面对应的"侧风面"并不是一个平面而是一个折面，即两个"侧面"并不对称，这样就难以形成周期性发放的对称漩涡，因而不会发生显著的共振现象。对比不同 Sc 工况结果可知，Sc 越小涡振位移响应越大，且上凸现象越明显，这一点与前文结论是一致的。

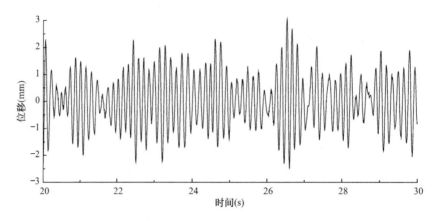

图 3-30　侧边平行来流方向时的涡振响应时程（$Sc=8.57$，$V_r=8.5$）

3.3.2　顶角迎风情况

表 3-12 给出了其中顶角迎风时三角形模型自振参数的统计结果。当顶角迎风时三角形柱体的斯托罗哈数 St 约为 0.16，理论共振临界折算风速为 6.25，图 3-31 给出了相应横风向涡振位移响应情况，图 3-32 给出了工况 1 在 $V_r=7$ 时的一段横风向涡振响应时程。

顶角迎风时三角形模型自振参数　　　　　　　　　　　　　表 3-12

工况	频率（Hz）	当量质量（kg/m）	阻尼比（%）	Sc 数	风向角	地貌类型
2	6.84	2.10	2.55	8.67	顶角迎风	B
5	5.86	2.46	3.44	13.54	顶角迎风	B
8	5.92	1.80	4.10	11.81	顶角迎风	B

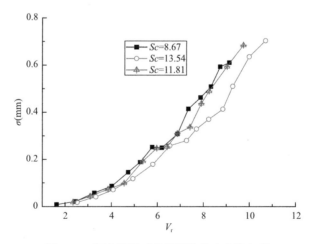

图 3-31　顶角迎风时的涡振位移响应均方根

从图 3-31 和图 3-32 可以看出，当三角形柱体顶角迎风时，各工况的均方根位移响应曲线自始至终没有出现上凸现象，横风向响应一直很小，且临界风速附近的涡振位移响应时程随机性很强，说明此种风向角下三角形模型没有发生共振现象。这是因为，当顶角迎风时，靠近上游的两个立面事实上都是迎风面，在这种迎风面上不存在流动分离现象。换句话说，经过角点分离后的脱落漩涡对迎风面风荷载并无贡献，加之背风面的风荷载在横风向的分力为零，因而当三角形主体的顶角迎风时不可能出现共振现象，也很难出现横风向动态位移过大的情况。

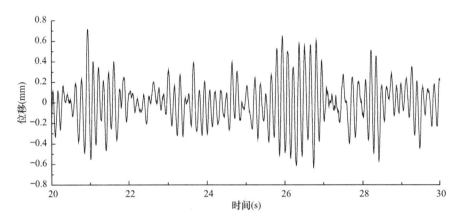

图 3-32　顶角迎风时的涡振响应时程（$Sc=8.67$，$V_r=7.0$）

3.3.3　顶角背风情况

表 3-13 给出了其中顶角背风时三角形模型自振参数的统计结果。当顶角背风时三角形柱体的斯托罗哈数 St 约为 0.12，理论共振临界折算风速为 8.33，图 3-33 给出了相应横风向涡振位移响应情况，图 3-34 给出了工况 1 在 $V_r=8.7$ 时的一段横风向涡振响应时程。

顶角背风时三角形模型自振参数　　　　表 3-13

工况	频率（Hz）	当量质量（kg/m）	阻尼比（%）	Sc 数	风向角	地貌类型
2	6.84	2.10	2.55	8.67	顶角背风	B
5	5.86	2.46	3.44	13.54	顶角背风	B
8	5.92	1.80	4.10	11.81	顶角背风	B

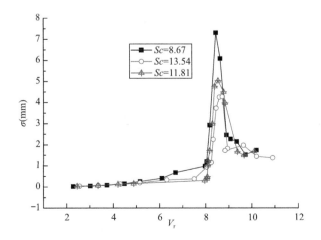

图 3-33　顶角背风时的涡振位移响应均方根

从图 3-33 和图 3-34 可以看出，当三角形柱体顶角迎风时，各工况的均方根位移响应都在临界风速附近显著增大，且此时的涡振位移响应时程简谐性很强，说明此种风向角下三角形模型发生了显著的共振现象。在这一风向角下，来流经垂直于风向的立面分离后形成漩涡，而被漩涡附着的两个背风侧面是对称的，因而极易和模型振动产生强烈互制现象，最终造成共振现象的发生。

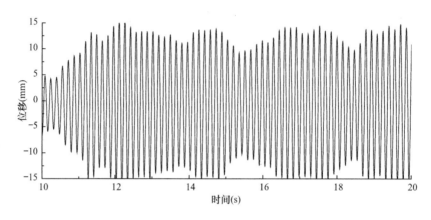

图 3-34　顶角背风时的涡振响应时程（$Sc=8.67$，$V_r=8.7$）

3.4　正六边形截面模型涡振响应

3.4.1　顶角迎风情况

表 3-14 给出了顶角迎风时六边形模型自振参数的统计结果。当顶角迎风时六边形柱体的斯托罗哈数 St 约为 0.13，理论共振临界折算风速约为 8，图 3-35 给出了相应横风向涡振位移响应情况，图 3-36 给出了工况 1 在 $V_r=8.1$ 时的一段横风向涡振响应时程。

顶角迎风时六边形模型自振参数　　　　　　　　　　表 3-14

工况	频率（Hz）	当量质量（kg/m）	阻尼比（%）	Sc 数	地貌类型
1	9.00	2.45	1.11	4.35	B
2	7.75	3.05	1.55	7.57	B
3	8.31	2.69	1.91	8.22	B

从图 3-35 和图 3-36 可以看出，当六边形柱体顶角迎风时，各工况的位移响应均方根曲线都在临界风速附近出现十分显著的上凸现象，且临界风速附近的涡振位移响应时程简谐性很强，说明此种风向角下六边形模型发生了显著的共振现象。从这一风向角各立面的情况来看，来流在迎风面的下游角点分离后会形成漩涡，漩涡流经的两个侧面和两个背风侧面都是对称的，因而极易和模型振动产生强烈互制现象，最终造成共振现象的发生。

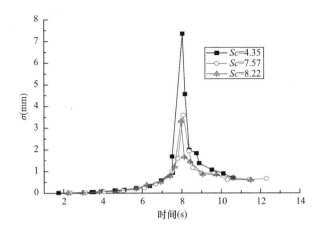

图 3-35 顶角迎风时的涡振位移响应均方根

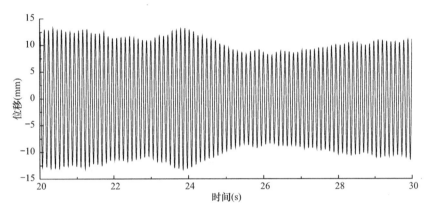

图 3-36 顶角迎风时的涡振响应时程（$Sc=4.35$，$V_r=8.1$）

3.4.2 立面迎风情况

表 3-15 给出了立面迎风时六边形模型自振参数的统计结果，图 3-37 为涡振加速度均方根，图 3-38 给出了工况 6 在 $V_r=7.2$ 时的一段横风向涡振响应时程。

立面迎风时六边形模型自振参数 表 3-15

工况	频率（Hz）	当量质量（kg/m）	阻尼比（%）	Sc 数	地貌类型
4	8.88	2.45	1.75	6.86	B
5	7.69	3.05	1.54	7.55	B
6	8.25	2.69	1.05	4.52	B

从图 3-37 和图 3-38 可以看出，当六边形柱体立面迎风时，各工况的均方根位移响应曲线的上凸现象并不明显，只有 $Sc=4.52$ 的工况在折算风速 7 附近加速度均方根出现一定的跳跃，但此时的涡振位移响应时程简谐性很强，说明此种风向角下六边形模型的共振现象不明显。从这一风向角各立面的情况来看，上游三个立面均属于迎风面范畴，难以形成有层次的漩涡，最下游背风面在横风向的分力为 0，亦不会对横风向风振起到贡献，而

两个背风侧面宽度较小，在垂直于风向做风力分解后有效施压面积并不大，因而亦难以使横风向出现显著涡振及锁定现象。

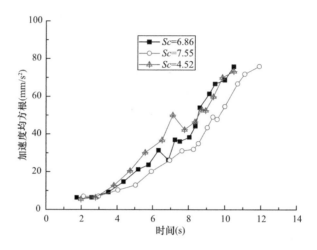

图 3-37　立面迎风时的涡振加速度均方根

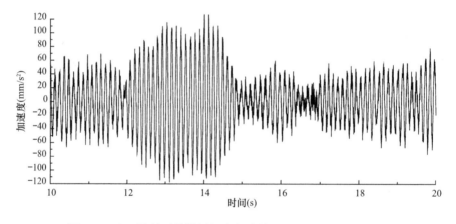

图 3-38　立面迎风时的涡振加速度时程（$Sc=4.52$，$V_r=7.2$）

3.5　小结

本章初步分析了各模型的涡振响应结果，包括高宽比为方截面模型 10、方截面模型 13、方截面模型 13、长方形模型 132、长方形模型 162、三角形、六边形、质量偏心方形、质量偏心长方形等模型。主要结论如下：

（1）方截面和长方形截面模型在均匀流场和紊流场中都会发生一定程度的共振现象，整体来看，模型的涡振位移曲线并不是理想的简谐曲线，其最大值与均方根值之比远大于 1.414，说明模型在临界风速附近的涡振并非理想共振，只能说流场越光滑、模型高宽比越大或模型斯科拉顿 Sc 越小时，共振现象相对更为明显，此时的极值峰因子或幅值峰因子都相对较小。另外，对于长方形模型来说，当长边迎风时涡振位移幅值要小于短边迎风时的情况。

（2）对于偏心的模型而言，当质心偏向前或偏向一侧时，并不显著改变模型的共振发生特性，且在不同折算风速下的涡振位移均方根都与不偏心时差别不大；当模型质心偏向后方时，共振区域的涡振响应大于不偏心模型，尤其是长方形模型短边迎风时的涡振位移曲线在涡激共振风速下有明显的上凸现象。

（3）对于三角形模型而言，当来流方向平行于三角形的一个侧边时，涡振位移响应曲线在临界风速附近的上凸现象并不显著，且此时的涡振位移响应时程简谐性质也不明显，即没有发现较显著的共振现象；当三角形柱体顶角迎风时，没有发生共振现象；当三角形柱体顶角背风时，均方根位移响应曲线在临界风速附近出现十分显著的上凸现象，发生了显著的共振现象。

（4）对于六边形模型而言，当六边形柱体顶角迎风时，有显著的共振现象发生；当六边形柱体立面迎风时，共振现象不明显。

（5）从不同横截面模型在不同风向角下的涡振响应水平来看，当模型的自振参数和流场条件相同时，承受负压的侧面在横风向的投影面积较大且该面上游有明显的分离点时，共振发生的可能性就越大，且涡振响应水平越显著。

本章参考文献

[1] Kwok K C S，Melbourne W H． Wind-induced lock-in excitation of tall structures［J］． Journal of the Structural Division，ASCE，1981，107（ST1）：59-72.

[2] 吴海洋. 矩形截面超高层建筑涡激振动风洞试验研究［D］. 武汉：武汉大学，2008.

[3] EN1991-2-4，Eurocode 1：Actions on structures-General Actions Part1-4：Wind actions［S］． 1995.

[4] 梁枢果，顾明，张锋，等. 三角形截面高柔结构横风向振动的风洞试验研究［J］. 空气动力学学报，2000，18（2）：172-179.

4

气动阻尼比与气动刚度

4.1　横风向气动阻尼比

本节分析折算风速、风场粗糙度、结构质量、结构阻尼比、高宽比等因素对气动阻尼比的影响，并提出改进的气动阻尼评估公式。

4.1.1　气动阻尼比随折算风速的变化

本书应用随机减量法识别结构振动时的总阻尼比，用其减去结构阻尼比即为气动阻尼比（图 4-1）。

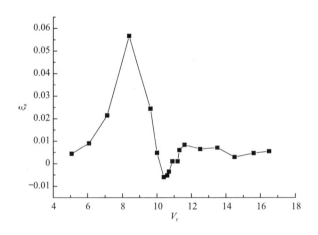

图 4-1　气动阻尼随折算风速的变化

4.1.2　结构阻尼比对气动阻尼比的影响

试验分析结果表明（表 4-1、图 4-2）：结构阻尼比较大的工况其气动阻尼比始终较小，即在共振之前大阻尼比模型的正气动阻尼比较小，而共振区域负气动阻尼比绝对值较大。这是因为：一方面，阻尼比较大的模型气弹效应相对偏弱，因而正气动阻尼比较小；另一方面，虽然小阻尼模型的气弹效应比较显著，但由于结构阻尼比本身较小，其负气动阻尼比绝对值最大也不会大于结构阻尼比，因而大阻尼比在共振区域的负气动阻尼比绝对值常常会大于小阻尼比结构。

不同阻尼比工况　　　　　　　　　　　　　表 4-1

模型高宽（cm）	频率（Hz）	当量质量（kg/m）	阻尼比（%）	Sc 数
100×10×10	9.89	2.27	0.70	2.50
100×10×10	9.64	2.27	1.75	6.34
100×10×10	9.27	2.27	3.60	13.05

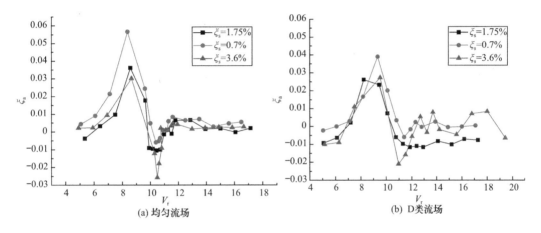

图 4-2　结构阻尼比对气动阻尼比的影响

4.1.3　风场类型对气动阻尼比的影响

研究发现（表 4-2、图 4-3）：在折算风速约小于 11 时，均匀流场的正负气动阻尼比都比湍流场要显著，即临界风速之前均匀流场正气动阻尼比相对较大。在共振风速范围内，均匀流场负气动阻尼比绝对值相对较大，当结构阻尼比较大时这种试验现象更为显著，以至于图 4-3（b）中湍流场气动阻尼比曲线并没有出现明显的拐点。对比 B 类和 D 类流场气动阻尼比曲线可知，不同折算风速下二者的气动阻尼比十分接近，这是因为模型高度较高，模型上部都处于梯度风高度以上，因而 B 类和 D 类流场的本身差别并不大。

不同粗糙度流场工况　　　　　　　　　　　表 4-2

模型高宽（cm）	频率（Hz）	当量质量（kg/m）	阻尼比（%）	Sc 数	风场类型
100×10×10	9.89	2.27	0.70	2.50	均匀流、B、D
100×10×10	9.64	2.27	1.75	6.34	均匀流、B、D

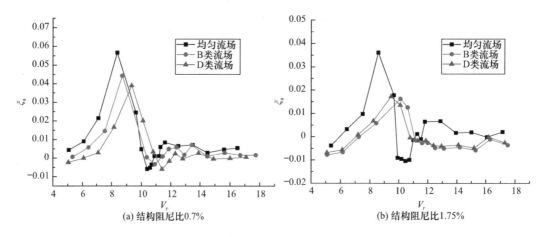

图 4-3　风场类型对气动阻尼比的影响

4.1.4　结构质量对气动阻尼比的影响

试验分析结果表明（表 4-3、图 4-4）：当结构阻尼比近似相等时，质量越大的模型其正气动阻尼比越小，负气动阻尼比绝对值亦越小。

不同质量工况　　　　　　　　　　　　　　　　表 4-3

模型高宽（cm）	频率（Hz）	当量质量（kg/m）	阻尼比（%）	Sc 数
160×10×10	7.14	1.25	0.82	1.64
160×10×10	5.98	1.81	0.82	2.38
160×10×10	5.19	2.38	1.11	4.25

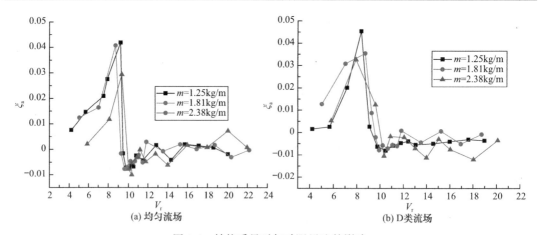

图 4-4　结构质量对气动阻尼比的影响

4.1.5　高宽比对气动阻尼比的影响

试验分析结果表明（表 4-4、图 4-5）：大高宽比模型的正气动阻尼比和负气动阻尼比绝对值都大于小高宽比模型，在湍流场中此种现象亦较为显著，尤其是在涡振临界风速区域内，小高宽比模型并未出现明显的负阻尼比拐点，而大高宽比模型的拐点则十分明显。

不同高宽比工况   表 4-4

模型高宽（cm）	频率（Hz）	当量质量（kg/m）	阻尼比（%）	Sc 数
100×10×10	9.64	2.27	1.75	6.34
160×10×10	5.68	2.38	1.71	6.31

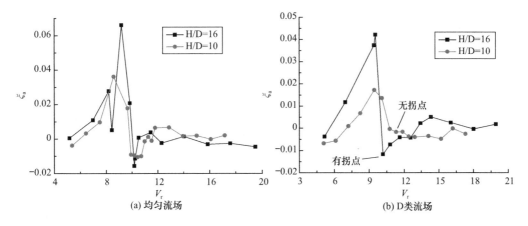

图 4-5　结构高宽比对气动阻尼比的影响

4.1.6　气动阻尼比与涡振位移的关系

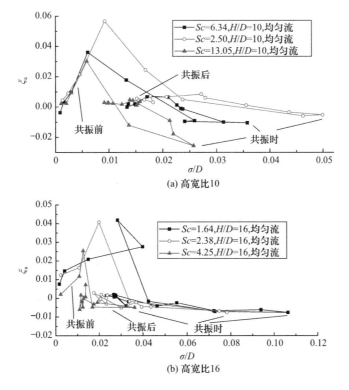

图 4-6　涡振位移与气动阻尼比的关系

试验分析结果表明（图 4-6）：在折算风速较小时（小丁临界风速），气动阻尼比随涡振位移的增加而增大，至临界风速时涡振位移突增，气动阻尼比也迅速由正转负，且在涡振位移达到最大时出现最大负气动阻尼比绝对值，共振风速范围之后，涡振位移迅速减小，气动阻尼比绝对值则相应回升。

4.1.7 气动阻尼比经验公式的建立

通过全面的多因素系统分析（表 4-5），提出如下经验公式的建立思路——兼顾气动阻尼比与结构阻尼比、高宽比、结构质量等因素的关系，提出协调气动阻尼比的概念，即根据其他因素对气动阻尼比的影响规律将不同条件下的气动阻尼比协调成近似相等后再进行经验公式的拟合。在实际应用时，先通过经验公式算得协调气动阻尼比，再根据结构具体参数反算出气动阻尼比，具体过程如下。

各因素对气动阻尼比绝对值的定性影响   表 4-5

自变量（影响因素）	"共振"前	"共振"时	"共振"后
折算风速	正相关	达到极值	回落至零附近
结构阻尼比	负相关	正相关	零附近波动
结构当量质量	负相关	负相关	零附近波动
风场粗糙程度	负相关	负相关	零附近波动
结构高宽比	正相关	正相关	零附近波动
涡振位移均方根	正相关	正相关	零附近波动

1. 定义协调气动阻尼比

$$\xi_r = \begin{cases} \dfrac{\xi_a \times Sc^{K_1}}{\lambda^{K_2}} & V_r \leqslant 9.5 \\[3mm] \dfrac{\xi_a \times Sc^{K_3}}{(10\xi_s)^{K_4} \times \lambda^{K_2}} & V_r \geqslant 9.5 \end{cases} \tag{4-1}$$

式中，ξ_a、ξ_s、λ、Sc 为气动阻尼比、结构阻尼比、结构高宽比和结构斯科拉顿数（$Sc = 2m\xi_s/\rho/D^2$，ρ 为空气密度）；K_1、K_2、K_3、K_4 为待拟合的参数。

Sc 在分子位置表示斯科拉顿数越大正气动阻尼比越小，λ 在分母位置表示高宽比越大气动阻尼比越显著，ξ_s 在分母位置表示结构阻尼比越大负气动阻尼比绝对值越大（图 4-7）。

通过最小二乘法拟合，可得到待定参数，使不同条件下的协调气动阻尼比近似相等，经计算，K_1、K_2、K_3、K_4 的拟合结果分别为 0.38、0.5、0.05、0.89。

对均匀流场情况而言，得到比较稳定的协调气动阻尼比后，可以直接以其为拟合对象进行曲线拟合，将协调气动阻尼比公式表述如下：

$$\xi_r = \frac{P_1(1 - (0.105V_r)^2) \times (0.105V_r) + P_2 \times (0.105V_r)^2}{P_3 \times (1 - (0.105V_r)^2)^2 + P_4 \times (0.105V_r)^2} \tag{4-2}$$

式中，系数 0.105 约为 9.5 的倒数，表示大致以折算风速 9.5 作为气动阻尼比由正变负的分界线；P_1、P_2、P_3、P_4 综合控制曲线的走势，是待拟合的参数。根据大量工况的协调气动阻尼比数据可以拟合得到 P_1、P_2、P_3、P_4 分别为 5.5、0.05、400、4.8。图 4-8 为拟合公式与试验数据的对比图。

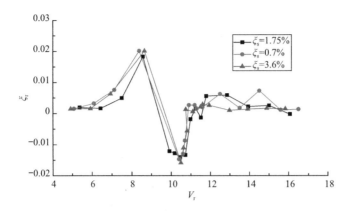

图 4-7 协调气动阻尼比（$\lambda=10$，均匀流）

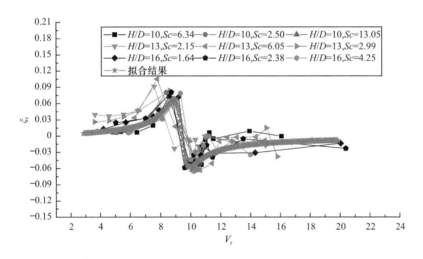

图 4-8 均匀流场协调气动阻尼比经验值与试验值比较

2. 湍流场气动阻尼比经验公式

湍流场中的气动阻尼比曲线规律则相对复杂，难以像均匀流那样对不同高宽比用同一个协调气动阻尼比进行衡量，需对不同高宽比分别拟合（图 4-9～图 4-11），并做以下两条简化：

（1）高层建筑所处地貌粗糙度类型一般为 B、C、D 类，对于特高层建筑而言，结构上半部分都处于梯度风高度之上，此段的流场特性是近似相同且保持不变的，根据上文分析结果可知，此种情况下的气动阻尼比差别不大，因而此处不区分地貌粗糙度类型。

（2）保守起见，对临界折算风速之前的个别负阻尼数据和临界风速之后的个别正阻尼数都不做考虑。

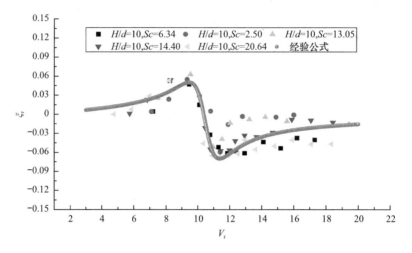

图 4-9 湍流场中方截面模型 10 气动阻尼拟合结果

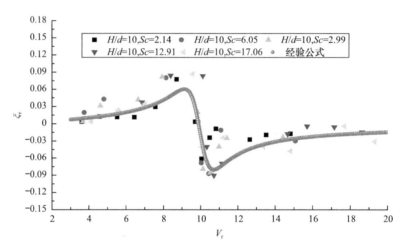

图 4-10 湍流场中方截面模型 13 气动阻尼拟合结果

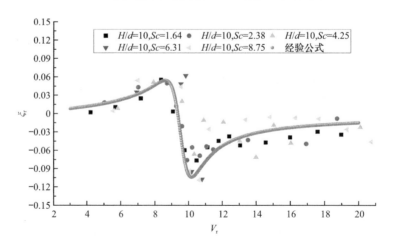

图 4-11 湍流场中方截面模型 16 气动阻尼拟合结果

在以上两个假设的基础上，仍沿用协调气动阻尼比的概念（表4-6）：

$$\xi_{\mathrm{r}} = \begin{cases} \xi_{\mathrm{a}} \times Sc^{0.38} & V_{\mathrm{r}} \leqslant 10.5 \\ \dfrac{\xi_{\mathrm{a}} \times Sc^{0.05}}{(10\xi_{\mathrm{s}})^{0.89}} & V_{\mathrm{r}} \geqslant 10.5 \end{cases} \tag{4-3}$$

$$\xi_{\mathrm{r}} = \frac{P_1(1-(\beta V_{\mathrm{r}})^2) \times (\beta V_{\mathrm{r}}) + P_2 \times (\beta V_{\mathrm{r}})^2}{P_3 \times (1-(\beta V_{\mathrm{r}})^2)^2 + (\beta V_{\mathrm{r}})^2} \tag{4-4}$$

不同高宽比气动阻尼经验公式参数　　　　　　　　　　　　　表 4-6

参数	高宽比 10	高宽比 13	高宽比 16
P_1	0.65	0.88	0.95
P_2	−0.02	−0.02	−0.05
P_3	30	40	40
β	0.095	0.1	0.104

4.2　横风向气动刚度

气动质量和气动刚度同是频率改变的根源，统称其为气动刚度，通过频率改变量这一指标来讨论气动刚度的内在规律，并称频率改变现象为"频率漂移"现象。

4.2.1　频率飘逸现象的提出

Vickery 和陈若华等人虽然通过定频定幅的强迫振动试验对气动刚（劲）度项进行了分析[1~3]，由此可结合建筑物密度与流体密度的关系确定出气动刚度造成的频率改变量。Tamura 等人对于某塔式细柔建筑的频率实测结果也表明[4]，当风致响应较显著时，体系振动频率可能偏离自振频率。但毫无疑问的是，考察气动刚度和气动质量对频率影响的一种直接便捷的方式是气弹模型试验尤其是多自由度气弹模型试验。

本书根据涡激共振前后模型风致位移响应的谱密度曲线，可确定出不同折算风速下的体系频率。本试验的频率漂移现象与 Vickery 气动刚度项的定性规律十分吻合（图 4-12~图 4-16）。

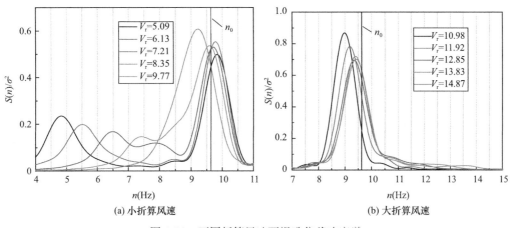

(a) 小折算风速　　　　　　　　　　　　　　　　(b) 大折算风速

图 4-12　不同折算风速下涡致位移响应谱

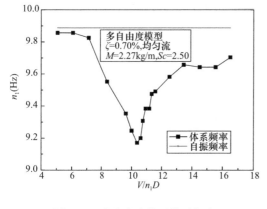

图 4-13 多自由度模型体系频率

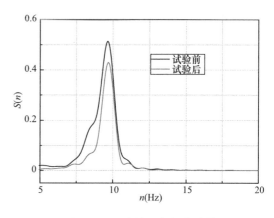

图 4-14 试验前后自振位移谱

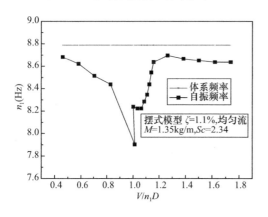

图 4-15 摆式模型体系频率图

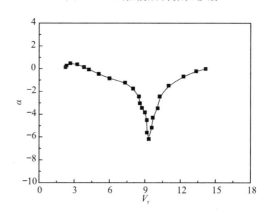

图 4-16 强迫振动模型气动刚度

4.2.2 结构质量对频率漂移的影响

首先定义无量纲频率改变量：

$$\delta n = (n_1 - n_0)/n_0 = n_1/n_0 - 1 \tag{4-5}$$

式中，n_1、n_0 为体系振动频率和结构自振频率，含义是用频率改变量与自振频率之比来定义无量纲频率改变量，本书简称 Δn 为频率改变量。

试验分析结果表明（表 4-7、图 4-17）：模型质量越小频率改变量绝对值越大，且在临界风速附近差别最为显著，这一现象是由涡振响应（气弹效应）的显著水平及模型本身质量大小所导致的，即涡振显著且模型本身质量越小时，气动刚度（包括气动质量）占结构总刚度（包括结构质量）的比重就越大。

不同结构质量工况 表 4-7

模型高宽（cm）	频率（Hz）	当量质量（kg/m）	阻尼比（%）	Sc 数
160×10×10	7.14	1.25	0.82	1.64
160×10×10	5.98	1.81	0.82	2.38
160×10×10	5.19	2.38	1.11	4.25

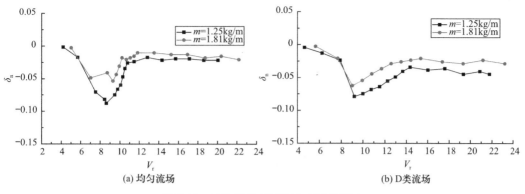

图 4-17 结构质量对频率改变量的影响

4.2.3 风场粗糙度类型对频率漂移的影响

试验分析结果表明（表 4-8、图 4-18）：流场越粗糙则体系振动频率和位移曲线的尖峰现象越不明显，且正频率改变量越小，而大折算风速时的负频率改变量绝对值越大。

不同流场粗糙度工况   表 4-8

模型高宽（cm）	频率（Hz）	当量质量（kg/m）	阻尼比（%）	Sc 数	风场类型
100×10×10	9.89	2.27	0.70	2.50	均匀流、B、D
100×10×10	9.64	2.27	1.75	6.34	均匀流、B、D

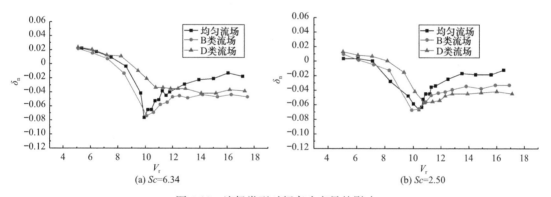

图 4-18 流场类型对频率改变量的影响

4.2.4 结构高宽比对频率漂移的影响

试验分析结果表明（表 4-9、图 4-19）：在共振风速范围之外，大高宽比模型的频率改变量绝对值比小高宽比模型的频率改变量绝对值要小，但在共振风速时二者的差别很小，即大高宽比模型频率改变量曲线呈更为尖锐的"V"形。

不同结构高宽比工况   表 4-9

模型高宽（cm）	频率（Hz）	当量质量（kg/m）	阻尼比（%）	Sc 数
100×10×10	9.64	2.27	1.75	6.34
160×10×10	5.68	2.38	1.71	6.31

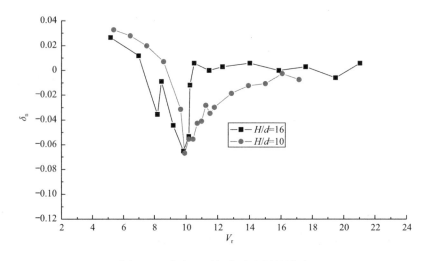

图 4-19 高宽比对频率改变量的影响

4.2.5 结构阻尼比对频率漂移的影响

试验分析结果表明（表 4-10、图 4-20）：在共振风速之前，大阻尼比模型的频率改变量略大，在共振风速附近，小阻尼比的负频率改变量绝对值明显大于大阻尼比模型，在共振风速之后差别较小。

不同结构阻尼比工况   表 **4-10**

模型高宽（cm）	工况	频率（Hz）	当量质量（kg/m）	阻尼比（%）	Sc 数	风场类型
100×10×10	1	9.89	2.27	0.7	2.50	D
100×10×10	2	9.64	2.27	1.8	6.34	D

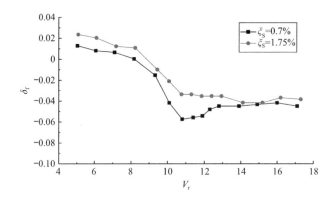

图 4-20 结构阻尼对频率改变量的影响

4.2.6 体系频率与涡振位移的关系

试验分析结果表明（图 4-21）：涡振位移和振动体系频率随折算风速增大分别呈倒"V"形和正"V"形变化，且两曲线的形状大致对称，都在共振临界风速附近出现极值。

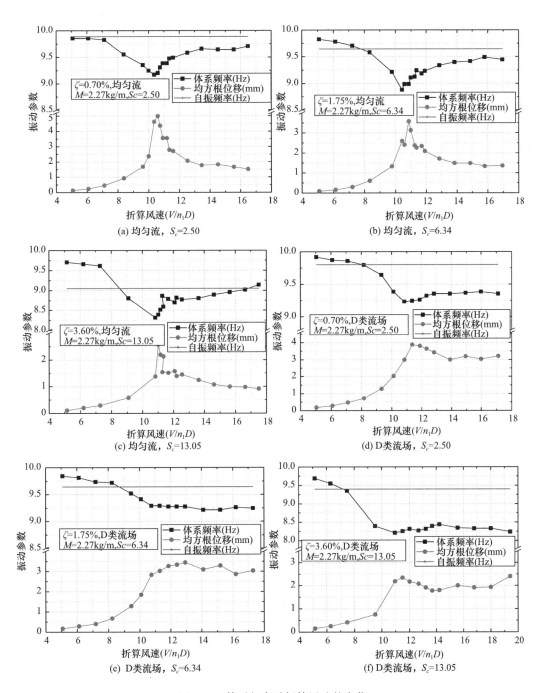

图 4-21　体系频率随折算风速的变化

4.2.7　气动刚度经验公式的建立

根据试验结论，所拟合公式的形式为：

$$\delta_n = P_1 - \frac{P_2 \times V_r^3}{P_3 \times [1-(0.1 \times V_r)^2]^2 + P_4 \times (0.1 \times V_r)^2} \tag{4-6}$$

P_1、P_2、P_3、P_4 的值分别为 0.016、0.001、28.93、8.42。

该公式可直接用于高层建筑风致响应计算时气动刚度的取值，从而考虑气弹效应的影响，使风致响应计算结果能够更真实（图 4-22）。

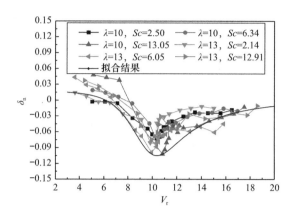

图 4-22　频率改变量经验公式拟合结果

4.3　小结

本章首先分析了模型横风向气动阻尼比的变化规律，指出既有气动阻尼经验评估公式的不足，提出了改进的气动阻尼经验公式；然后分析了模型频率改变量（气动刚度）的变化规律；通过位移与风压的同步测试试验，分析了涡振过程中风压的变化特征，主要结论有：

（1）模型横风向正气动阻尼比与结构阻尼比负相关，而负气动阻尼比绝对值与结构阻尼比正相关，结构质量与气动阻尼比绝对值负相关，风场越粗糙或模型高宽比越小，负气动阻尼比越不显著。整体来看，气动阻尼比本身不足以评价气弹效应的显著程度，以气动阻尼比本身作为经验公式的拟合对象有很大局限性。协调气动阻尼比的概念，兼顾了气动阻尼比与结构阻尼比、高宽比、结构质量等因素的关系，据此可将不同条件下的气动阻尼比曲线协调成近似相等，以协调气动阻尼比为对象的经验拟合公式与试验结果比较吻合，适用性较强。

（2）在高层建筑涡致振动过程中，涡振对体系频率的影响不可忽略，在某些情况下频率改变量与自振频率的比值达到 10%。振动体系频率随折算风速呈"V"形变化，在折算风速小于 8 时，频率改变量通常为正，在共振临界风速附近频率改变量最大，之后又回升到比自振频率略小的一个值。在相同的流场中，斯科拉顿数越大则正的频率改变量越大，负的频率改变量却越小。在不同流场中，流场越粗糙振动频率和位移曲线的尖峰现象越不明显，且正频率改变量越小，而大折算风速时的负频率改变量越大，这种现象的原因在于气动刚度和涡振位移的负相关关系。频率改变量随涡振位移的增大呈增加趋势，但由于涡振位移和气动刚度之间存在互制作用，使得共振临界风速之前的一小段风速范围内折算风速、涡振位移和结构频率三者之间出现突变现象。

本章参考文献

[1] Steckley A，Vickery B J，Isyumov N. On the measurement of motion induced forces on models in turbulent shear flow [J]. Journal of Wind Engineering and Industrial Aerodynamics，1990，36 (part-P1)：339-350.

[2] Vickery B J，Steckley A. Aerodynamic damping and vortex excitation on an oscillating prism in turbulent shear flow [J]. Journal of Wind Engineering and Industrial Aerodynamics，1993，49 (1)：121-140.

[3] 陈若华，郑启明，温博坚. 高层建筑物与边界层流场之气动力互制现象 [J]. 中国土木水利工程学刊. 1997，9 (2)：271-279.

[4] Tamura Y，Suganuma S Y. Evaluation of amplitude-dependent damping and natural frequency of buildings during strong winds [J]. Journal of Wind Engineering and Industrial Aerodynamics，1996，59 (2-3)：115-130.

5

涡激共振的判定及响应评估

本章首先讨论了共振与非共振的界限划分问题，解释了共振位移幅值不稳定的根本原因，建立了区分共振与不共振的多判据联合概率分布模型，最终建立不稳定涡激共振响应评估模型。

5.1 共振与非共振的界限研究

响应时程、响应幅值、气动阻尼、气动刚度、风压特性等参数在共振前后及共振风速附近都呈现出明显的规律性变化，但这些参数的变化是否能够明确划分什么是共振及什么条件下发生共振这一问题，本章对此进行了研究。

5.1.1 从响应时程与响应幅值看共振界限

图 5-1～图 5-3 给出了部分工况的涡振位移时程曲线。

从图 5-1～图 5-3 来看，这些工况在共振风速时的涡振位移时程曲线呈现出一定的简

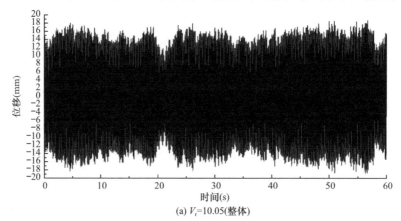

(a) $V_r=10.05$(整体)

图 5-1 方截面模型 13 共振位移时程（均匀流，$Sc=1.64$）（一）

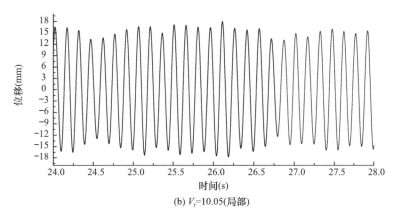

(b) V_r=10.05(局部)

图 5-1　方截面模型 13 共振位移时程（均匀流，Sc=1.64）（二）

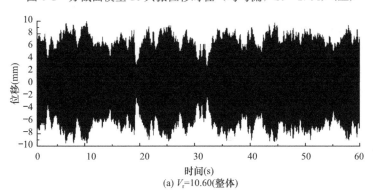

(a) V_r=10.60(整体)

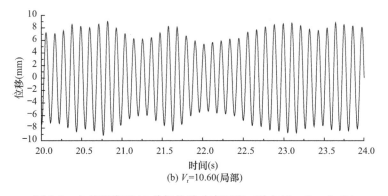

(b) V_r=10.60(局部)

图 5-2　方截面模型 10 共振位移响应时程（均匀流，Sc=2.50）

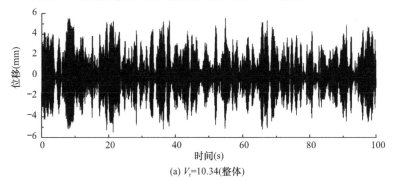

(a) V_r=10.34(整体)

图 5-3　方截面模型 10 共振位移响应时程（D 类流场，Sc=20.64）（一）

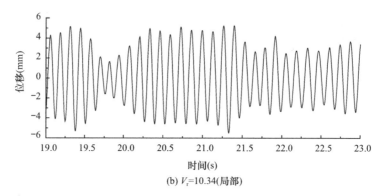

(b) V_r=10.34(局部)

图 5-3　方截面模型 10 共振位移响应时程（D 类流场，Sc=20.64）（二）

谐振动特点。但是当模型高宽比较小、风场越粗糙、Sc 数较大时，涡振位移幅值呈现出明显的长周期波动现象，表现为间歇性共振的特点。

　　传统的理想观点认为，当模型发生共振时，在共振区域位移大幅增加，位移时程曲线呈简谐振动，如果就此认为，当"位移幅值出现突增，位移时程有明显简谐性"时，就是发生了共振，那么以下工况的现象则无法得到解释（图 5-4～图 5-7）。

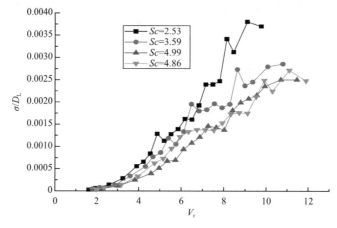

图 5-4　长方形模型 132 长边迎风时涡振响应（均匀流）

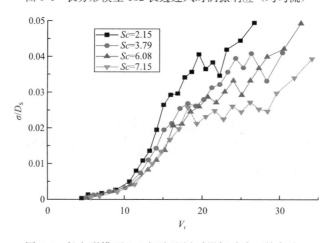

图 5-5　长方形模型 132 短边迎风时涡振响应（均匀流）

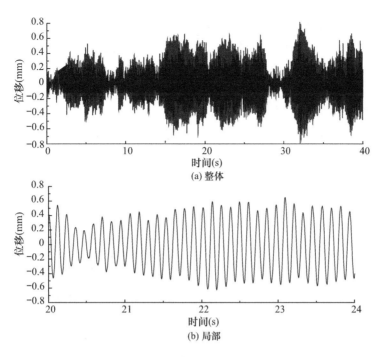

图 5-6　长方形模型 132 长边迎风时涡振位移响应时程（$Sc=2.53$，$V_r=11.0$，均匀流）

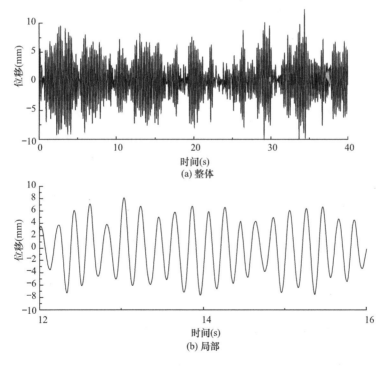

图 5-7　长方形模型 132 短边迎风时涡振位移响应时程（$Sc=2.15$，$V_r=19.2$，均匀流）

研究发现，模型高宽比越小、风场越粗糙、Sc 越大，其响应的涡振位移幅值就越小，对应的位移时程曲线的简谐程度也越差，但响应幅值与位移时程的简谐程度没有必然联系，二者都不能单独作为共振与非共振界限的划分条件，只能说，对于同一模型而言，二者可以定性地评价某一特定涡振状态相对理想简谐共振状态的接近程度，但二者本身随模型参数的变化是渐变的，并且都没有一个突变的临界点可以当作共振与非共振的划分界限。

5.1.2 从气动阻尼比与气动刚度看共振界限

研究表明：气动阻尼比或气动刚度的变化并没有随折算风速出现突变现象，无法作为共振与非共振的评判界限（图5-8～图5-10）。

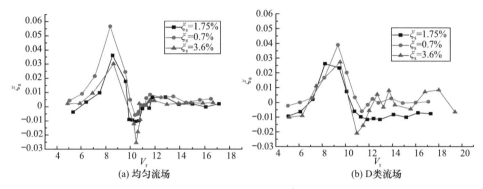

图5-8 共振前后气动阻尼比（方截面模型10）

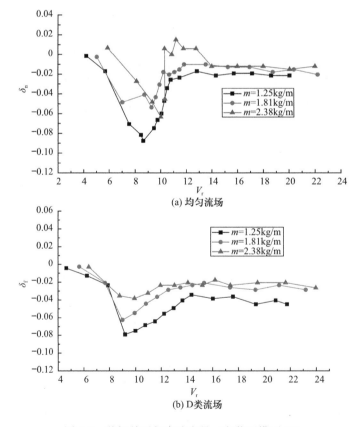

图5-9 共振前后频率改变量（方截面模型13）

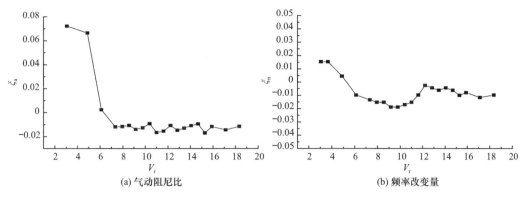

图 5-10　长方形模型 132 长边迎风时气动参数（$Sc=2.53$，D 类流场）

5.1.3　从涡振位移谱看共振界限

从"锁定"的原始定义来看，当漩涡脱落频率与结构频率比较接近时，结构可能发生共振，此后，随折算风速增大，漩涡脱落频率仍与结构频率保持一致，即涡脱频率被俘获。将这一定义反映在位移谱中就是：①在临界风速之前，位移谱有两个峰值，分别对应涡脱频率和结构自振频率；②在锁定风速区域内，因为俘获现象的存在，位移谱只有一个峰值；③在锁定风速区域过后，位移谱又出现两个峰值，分别对应结构频率和涡脱频率（图 5-11）。

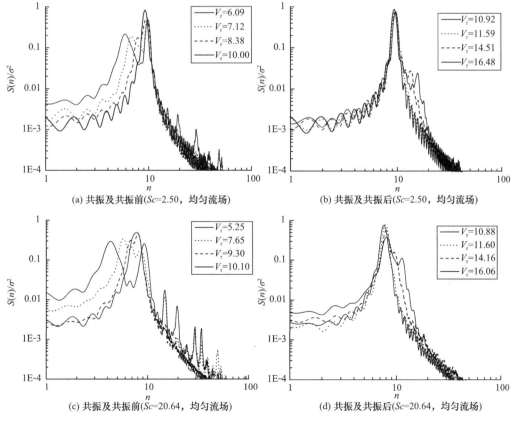

图 5-11　方截面模型 10 典型工况位移响应谱

研究表明：位移谱随折算风速的变化情况满足上述前两个规律，但共振区域过后的一大段风速范围内，位移谱仍呈单峰状，当折算风速继续增大，位移谱呈一定程度的双峰状，但与涡脱对应的峰能量微乎其微，且由单峰向双峰过渡是一个渐变的过程，而没有一个突变的界限值（本书称其为"解脱"频率界限）。

所谓"锁定现象"并不是理想的结构频率"俘获"涡脱频率，而是结构频率与涡脱频率表现为相互影响、相互吸引的动态相等趋势（图 5-12），即当结构频率大于涡脱频率且二者比较接近时，结构频率会受涡脱频率的影响而有所减小，当结构频率小于涡脱频率时，涡脱频率又受结构频率的影响也表现为减小趋势，当共振区域过后，这一现象"逐渐"消失，并没有明显的"解脱"频率界限，这一结论极具创新性。

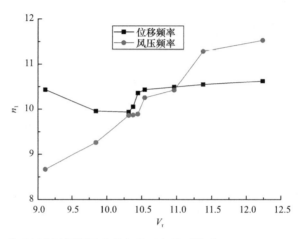

图 5-12　体系频率随折算风速的变化（方截面模型 13，$Sc=2.14$，均匀流）

5.1.4　从风压相干性的角度看共振界限

研究表明：模型侧面不同高度和两个侧面的对应测点的相干性在临界风速附近呈现出了较为明显的突变，但在共振之后的风速段内又是渐变的，因此，用风压相干性来评判共振界限亦有很大的局限性（图 5-13、图 5-14）。

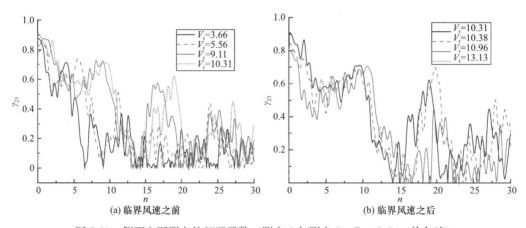

(a) 临界风速之前　　　　　　　　　　(b) 临界风速之后

图 5-13　侧面上下测点的相干函数（测点 2 与测点 5，$Sc=2.14$，均匀流）

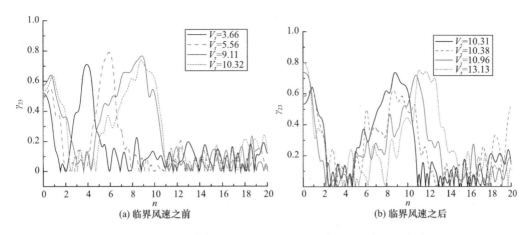

图 5-14　左右的相干函数（测点 5 与测点 11，$Sc=2.14$，均匀流）

5.2　共振不稳定机理研究

所谓不稳定性，其内涵有个两方面：①各工况在较长的持时下，只在某些时段内发生共振，而在其余时段则主要表现为随机振动；②当共振发生时，模型的振幅并不是一个稳定的值。正是这两个因素的存在，使得不同工况之间或同一工况在不同折算风速下的整体统计特性是渐变的。显然，要具体明了不同工况之间或同一工况在不同折算风速下共振特性就需要从更为细观的角度对此进行分析，即对同一响应时程进行逐段分析，本节将从这一角度解释涡振响应不稳定的根本原因。

5.2.1　均匀流场理论涡脱频率等于结构频率

本书对涡激振动不稳定机理给出的解释为：从某个时刻开始，位移与风压相位差近似为 $\pi/2$，在此后的一段时间内位移幅值和风压幅值就逐步增大，与此同时，风压相位逐渐滞后于位移相位，当二者相位差别远离 $\pi/2$ 后，风压曲线突然变得较为凌乱，且风压频率有所增大，从此时刻开始，位移幅值和风压幅值开始逐渐减小，由于风压频率的增大，风压相位又马上"遇到"了和其同步的位移相位（理想共振时，外界激励与位移响应相位差近似为 $\pi/2$，为表述方便，此处及下文所谓的同步是指相位差为 $\pi/2$），但此时的位移并没有突然增加，而是表现为逐渐增大，并伴随着风压相位与位移相位差的逐渐增长。就这样，二者幅值和相位周而复始地相互影响，最终造成了模型振动位移时程的间歇性和振动频率的不稳定性，并引起位移响应在"随机—过渡—共振"三者之间变换，这就从根本上解释了为什么实际振动不会出现理想的锁定现象（图 5-15～图 5-17）。

5.2.2　均匀流场理论涡脱频率小于结构频率

当理论涡脱频率小于结构频率时，风压频率整体上小于振动频率，但由于二者的动态变化，在很多时刻风压频率亦会等于或大于结构频率。

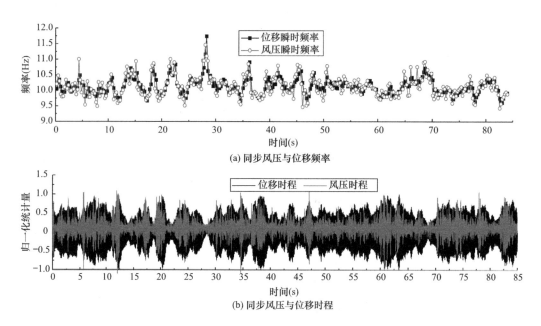

(a) 同步风压与位移频率

(b) 同步风压与位移时程

图 5-15　同步风压与位移比较（$V_r = 10.44$，$V = 10.5\text{m/s}$）

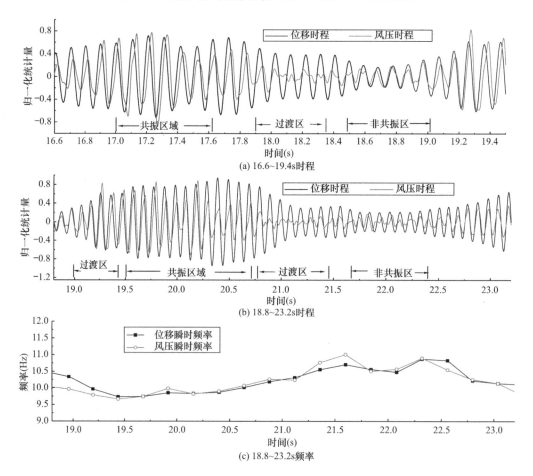

(a) 16.6~19.4s时程

(b) 18.8~23.2s时程

(c) 18.8~23.2s频率

图 5-16　同步风压与位移瞬时频率比较（$V_r = 10.44$，$V = 10.5\text{m/s}$）

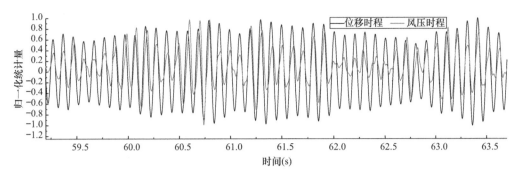

图 5-17 同步风压与位移局部时程比较 ($V_r = 10.44$, $V = 10.5\text{m/s}$)

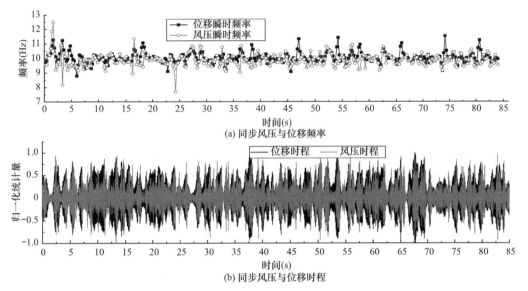

(a) 同步风压与位移频率

(b) 同步风压与位移时程

图 5-18 同步风压与位移频率和时程比较 ($V_r = 9.84$, $V = 10.0\text{m/s}$)

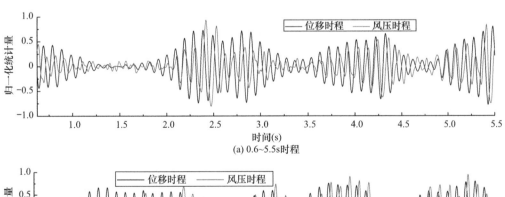

(a) 0.6~5.5s时程

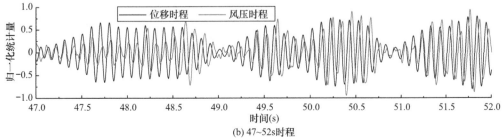

(b) 47~52s时程

图 5-19 同步风压与位移局部时程比较 ($V_r = 9.84$, $V = 10.0\text{m/s}$)

也是从某个时候开始保持相等，而后风压相位逐渐滞后，如此往复变化造成了振动的间歇性，所不同的是，由于理论涡脱频率比振动频率要小，因而其风压相位比位移相位滞后到一定程度并找到下一个同步相位所需的时间要短，因而在折算风速小于共振风速时，每一段带有共振性质的振动时程持时要明显偏短，这就造成了此风速下涡振的间歇性更为显著。

5.2.3 均匀流场理论涡脱频率大于结构频率

此种情况下表现为如下三个特征：①风压相位在某时刻与位移相位同步，此后，风压相位滞后到一定程度开始紊乱；②风压相位长时间与位移相位近似同步，在某一时刻又突然变得凌乱；③风压相位提前于位移相位一定程度后开始变得凌乱。究其原因，风压相位滞后于位移相位是由于模型振动的影响所致，是一种被迫行为，而风压相位提前于位移相位是由涡脱频率大于结构频率所致，是一种主动行为。当两种行为共同作用时，风压时程与位移时程的关系变得十分随机而无规律，在此种背景下模型振动时程呈现出较强的不稳定性则得到了解释（图 5-20、图 5-21）。

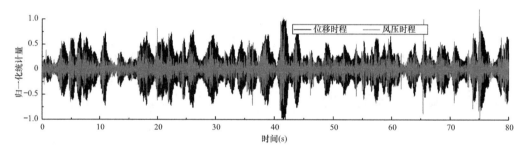

图 5-20 同步风压与位移比较（$V_r=10.54$，$V=11.0$m/s）

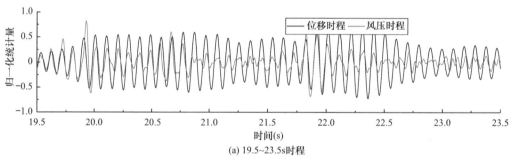

(a) 19.5~23.5s时程

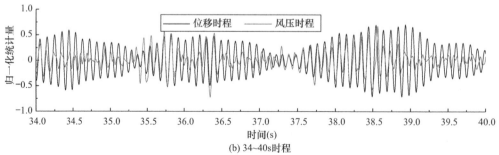

(b) 34~40s时程

图 5-21 同步风压与位移局部时程比较（$V_r=10.54$，$V=11.0$m/s）

5.2.4 湍流场名义涡脱频率等于结构频率

上文分析了当来流风速等于、小于、大于共振风速情况下风压与位移的关系，显然，在湍流场中，由于风速的不稳定性，其风压与位移相位关系会兼有以上三种成分，从而使得风压频率波动很大，与位移保持动态不等（鲜有相等）的关系（图 5-22、图 5-23）。

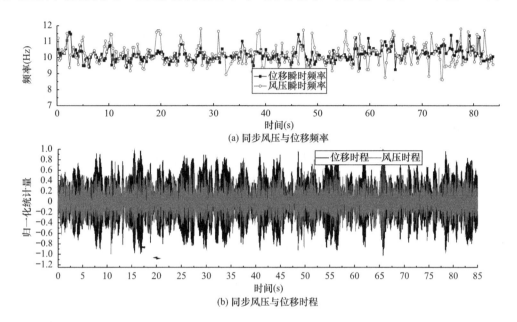

图 5-22　同步风压与位移比较（$V_r = 10.40$，$V = 10.5$m/s）

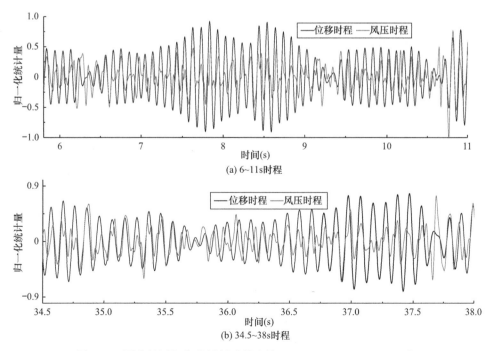

图 5-23　同步风压与位移局部时程比较（$V_r = 10.40$，$V = 10.5$m/s）

5.3 涡激共振发生的联合概率模型的建立

从以上分析可知，涡激共振与非共振没有明显的界线，本节将从概率分布的角度对其进行判别评估。

5.3.1 在共振风速下不同工况的瞬时频率改变量分析

首先定义同一时程第 i 段时间内的瞬时频率改变量为：

$$\delta f_i = f_i/\bar{f} - 1 \tag{5-1}$$

式中，f_i 表示第 i 段时间内的瞬时振动频率；$\bar{f}$ 为整个时程的主频率，它等于各段瞬时频率的平均值，在此定义的基础上，称 δf 为瞬时频率改变量。

拟合概率密度是按瞬时频率改变量满足正态分布所得的概率密度。

研究表明：当模型高宽比较大时，瞬时频率改变量都集中在零附近，说明此时的振动形式更接近理想简谐振动（图 5-24～图 5-27）。

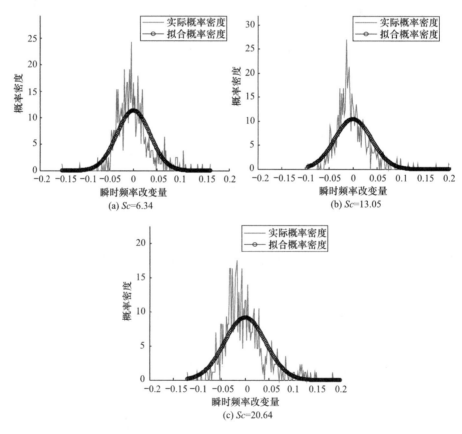

图 5-24 方截面模型 10 在均匀流中的瞬时频率改变量

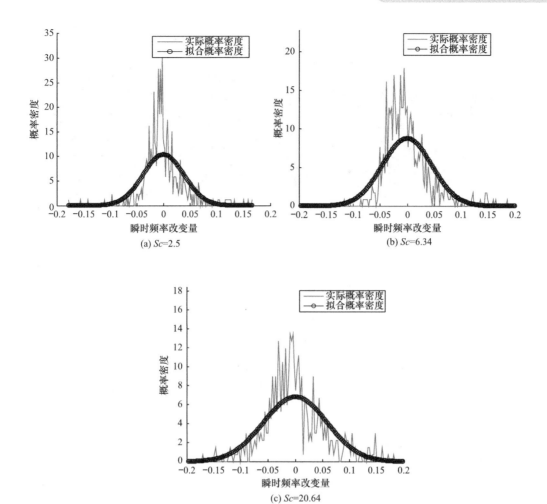

图 5-25 方截面模型 10 在 D 类流场中的瞬时频率改变量

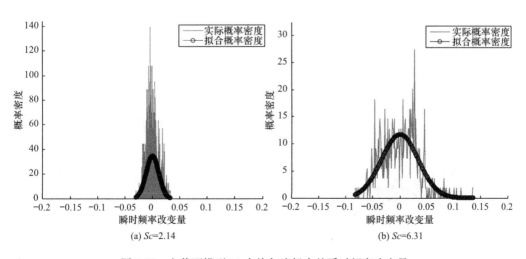

图 5-26 方截面模型 13 在均匀流场中的瞬时频率改变量

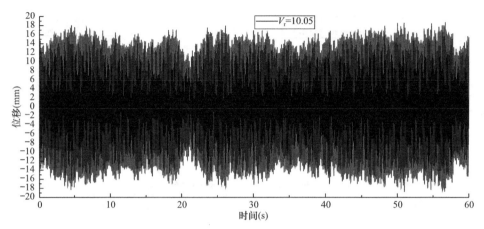

图 5-27　方截面模型 13 在均匀流场中共振位移时程（$Sc=2.14$）

5.3.2　各输出参数和响应幅值的敏感性分析

上述分析表明，当来流风速等于共振风速时，模型发生大幅振动，在同一风速下不同时刻的输出参数有很大不同，其中与响应平均幅值（定义见第 3 章）显著相关的参数可能有频率改变量、频带宽度、极值峰因子、风压沿高相关性等，他们分别对应了气动刚度、气动阻尼、时程简谐性和荷载齐次性。这几个因素都会在一定程度上影响涡振响应水平，但在风速下是否是显著变量，以方截面模型 10 的均匀流工况为例，对其逐一分析。

首先要说明的是，把模型涡振响应时程分解成很多小段后，该段响应平均幅值的大小即代表了该时段涡振响应水平的剧烈程度，加之前文分析结果表明涡振幅值较大的时段内涡振响应相对稳定（接近简谐），因而每一个小时间段内响应平均幅值的大小同时也代表了该段响应的稳定程度（简谐程度）。基于此，下面各输出参数和响应幅值的敏感性分析也都是对小时间段的平均幅值而言的。

同一风速下，每一个小时间段内的振动频率越小，其平均幅值就越大，几乎呈线性关系，经计算二者的相关系数绝对值在 0.90 左右（图 5-28）。

同一风速下，每一小时间段内的上下风压相干性越大，其平均幅值就越大，但相关性并不太强，经计算二者的相关系数绝对值在 0.25 左右（图 5-29）。

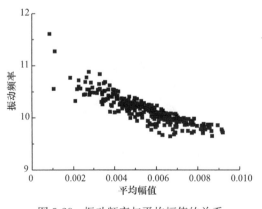

图 5-28　振动频率与平均幅值的关系

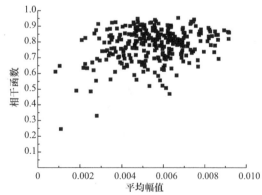

图 5-29　相干函数与平均幅值的关系

同一风速下，每一小时间段峰因子越小，其平均幅值就越大，这说明模型振动越接近简谐，其振动幅值就越大，经计算二者的相关系数绝对值在 0.60 左右，说明峰因子和平均幅值具有较强的相关性。

同一时程内，半带宽随平均幅值的增大呈微弱上升趋势，但相关性并不强，经计算二者的相关系数为 0.30 左右（图 5-30）。

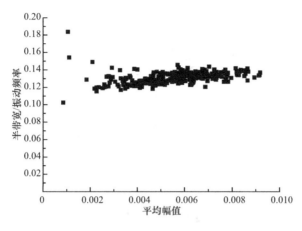

图 5-30　半带宽与平均幅值的关系

5.3.3　多判据涡激共振发生概率模型的提出

上述研究结果表明：与平均响应幅值关系较大的主要是振动频率和极值峰因子两个因素，其中，振动频率的大小和瞬时频率改变量是对应的。本书提出了用极值峰因子和瞬时频率改变量作为划分界限，继而提出基于这两个因素的涡激共振发生的概率评估模型（图 5-31～图 5-33）。

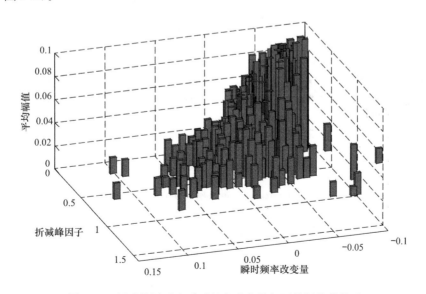

图 5-31　折减峰因子和瞬时频率改变量与平均幅值的关系

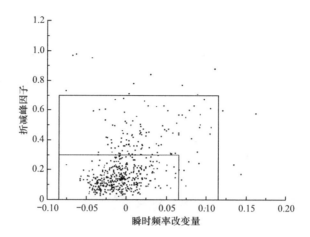

图 5-32 折减峰因子和瞬时频率改变量

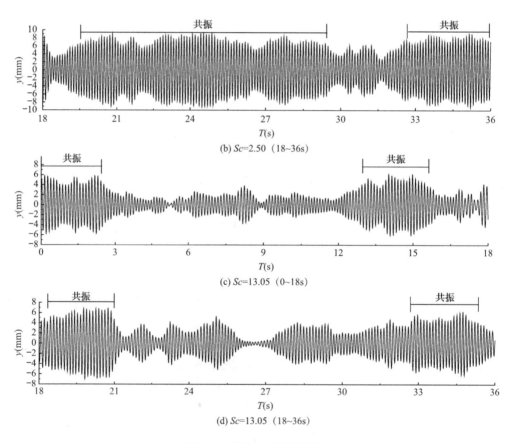

图 5-33 共振区域划分结果

为了便于分析，首先定义同一时程第 i 段时间内的折减峰因子：

$$\sigma_{ri} = \sigma_i - \sqrt{2} \tag{5-2}$$

式中，σ_i 表示第 i 段时间内的瞬时极值峰因子，$\sqrt{2}$ 表示理想简谐振动的极值峰因子，在此定义的基础上，称 σ_r 为折减峰因子。

同时，将第 i 段时间内的频率改变量定义为：

$$\delta f_i = f_i/\bar{f} - 1 \tag{5-3}$$

式中，f_i 为第 i 段时间内的振动频率，$\bar{f}$ 为该工况整个时程的振动主频率，在此定义的基础上，称 δf 为瞬时频率改变量。

在以上分析的基础上，建立频率改变量和折减峰因子的联合分布概率模型（图 5-34、图 5-35）。

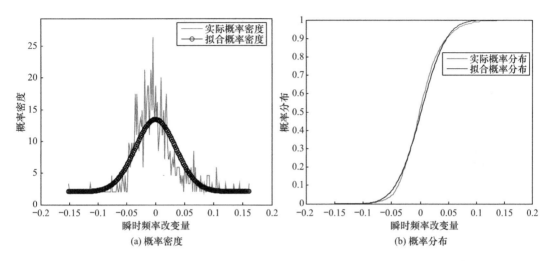

图 5-34 瞬时频率改变量概率分布

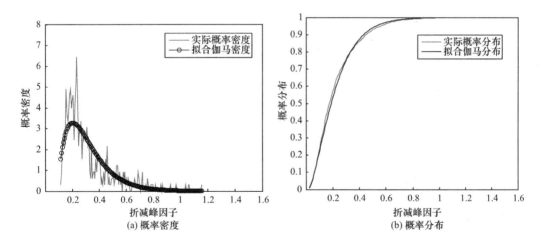

图 5-35 折减峰因子概率分布

对于二维联合概率分布模型而言，就等同于已知了两个边缘分布，其中，瞬时频率改变量的分布满足正态分布，即第一个边缘分布为：

$$\varphi_1(\delta f; \mu_f, \sigma_f^2) = \frac{1}{\sqrt{2\pi}\sigma_f} \int_{-\infty}^{\delta f} e^{-\frac{(\delta f - \mu_f)^2}{2\sigma_f^2}} d_{\delta f} \tag{5-4}$$

对于本书的特定问题，式（5-4）可简化为：

$$\varphi_1(\delta f;\sigma_f^2) = \frac{1}{\sqrt{2\pi}\sigma_f}\int_{-\infty}^{\delta f}\mathrm{e}^{-\frac{\delta f^2}{2\sigma_f^2}}\,d_{\delta f} \tag{5-5}$$

式中，μ_f 为瞬时频率改变量的平均值；σ_f 为瞬时频率改变量的均方根。

折减峰因子的分布满足伽马分布，即第二个边缘分布为：

$$\varphi_2(\sigma_r,\alpha,\beta) = \begin{cases} \int_0^{\sigma_r}\left(\dfrac{\beta^\alpha}{\displaystyle\int_0^{+\infty}\sigma_r^{\alpha-1}\mathrm{e}^{-\sigma_r}\,d\sigma_r}\right)\sigma_r^{\alpha-1}\mathrm{e}^{-\beta\sigma_r}\,d\sigma_r, & \sigma_r > 0 \\ 0, & \sigma_r < 0 \end{cases} \tag{5-6}$$

对于由边缘分布导出联合分布的问题，根据 copula 函数建立两边缘分布的关系[1~4]。经比选，初步选用的 copula 函数为：

$$\varphi_1\varphi_2\mathrm{e}^{(-\gamma\ln\varphi_1\ln\varphi_1)} = \varphi_1\varphi_2\exp(-\gamma\ln\varphi_1\ln\varphi_1) \tag{5-7}$$

经验算，取 $\gamma=1$ 时效果最好，即：

$$\varphi(\delta f,\sigma_r) = \frac{1}{\sqrt{2\pi}\sigma_f}\int_{-\infty}^{\delta f}\mathrm{e}^{-\frac{\delta f^2}{2\sigma_f^2}}\,d_{\delta f} \times \int_0^{\sigma_r}\left(\frac{\beta^\alpha}{\displaystyle\int_0^{+\infty}\sigma_r^{\alpha-1}\mathrm{e}^{-\sigma_r}\,d\sigma_r}\right)\sigma_r^{\alpha-1}\mathrm{e}^{-\beta\sigma_r}\,d\sigma_r$$
$$\times \exp\left[-\ln\left(\frac{1}{\sqrt{2\pi}\sigma_f}\int_{-\infty}^{\delta f}\mathrm{e}^{-\frac{\delta f^2}{2\sigma_f^2}}\,d_{\delta f}\right)\ln\left(\int_0^{\sigma_r}\left(\frac{\beta^\alpha}{\displaystyle\int_0^{+\infty}\sigma_r^{\alpha-1}\mathrm{e}^{-\sigma_r}\,d\sigma_r}\right)\sigma_r^{\alpha-1}\mathrm{e}^{-\beta\sigma_r}\,d\sigma_r\right)\right] \tag{5-8}$$

5.4 涡激共振响应评估模型的建立

在明确共振与非共振的界限后，则需要明了共振发生时的响应水平，而对于结构工程师来说，最关心的是超高层建筑发生涡激共振时的最大响应和最大响应分析方法，为此，本章研究了典型截面超高层建筑涡激共振响应评估模型。

第 3 章定义幅值峰因子为：

$$\mu_{ym} = y_{99.73}/\overline{y}_{max} \tag{5-9}$$

式中，$\overline{y}_{max}$ 为共振响应平均幅值；$y_{99.73}$ 为涡振响应值中有 99.73% 保证率的极值，对于这一参数有三种可能的含义：整个涡振响应时程中保证率为 99.73% 的极值、所有涡振振幅中保证率为 99.73% 的极值和共振振幅中保证率为 99.73% 的极值。

5.4.1 基本假定

通常认为，矩形截面超高层建筑横风向气动力由两部分叠加组成：

第一部分：结构静止时所受到的横风向气动力荷载，又分为两种横风向荷载的叠加，一种是由静止结构尾流中的旋涡脱落引起的荷载，记作 $L_1(z,t)$；另一种是来流中侧向湍流引起的荷载，记作 $L_2(z,t)$，即所谓的"自然涡散作用"或"瞬时脉动升力"。

$L_1(z,t)$ 表达式可写为：

$$L_1(z,t) = \frac{1}{2}\rho_a C_L(z,t)D(z)U^2(z) \tag{5-10}$$

式中，C_L 为升力系数；$D(z)$ 为 z 高度处的横风向的宽度；ρ_a 为空气密度；$U(z)$ 为 z 高度处的平均风速。

升力 $L_z(z, t)$ 是平均风速 $U(z)$ 与侧向湍流分量 $v(z, t)$ 的合速度所引起的阻力在横风向的投影，其表达式为：

$$L_2(z,t) = \frac{1}{2}\rho_a C_D U^2(z)\frac{v(z,t)}{U(z)} \tag{5-11}$$

第二部分：气动弹性力，即自激力。在大幅涡激共振时该部分往往起主导作用。

在建立评估模型时做以下假设：

（1）鉴于共振与非共振没有明显的界线，且二者之间的气动参数的定性规律是一致的，在建立评估模型时做同样对待，即都认为是发生了共振，至于其接近理想简谐振动的程度则用幅值峰因子来衡量。

（2）发生共振时，只需考虑结构振动与流场产生互制现象所激发的气动弹性力，其中气动刚度力和气动惯性力相位相差 $180°$，可做合并处理，即只考虑气动刚（劲）度力。

5.4.2　响应评估模型的建立

前面已经介绍了涡激振动的经验非线性模型，它是基于范德波尔振子概念建立的，此处将经验非线性模型的表达式再次表述如下[5]：

$$m[\ddot{y} + 2\xi_s\omega_0\dot{y} + \omega_0^2 y]$$
$$= \frac{1}{2}\rho_a U^2(2D)\left[Y_1(K)\left(1-\varepsilon\frac{y^2}{D^2}\right)\frac{\dot{y}}{U} + Y_2(K)\frac{y}{D} + \frac{1}{2}C_L(K)\sin(\omega t + \phi)\right] \tag{5-12}$$

式中，$K = D\omega/n$，ω 是涡脱圆频率，满足斯脱罗哈关系式：$D\omega/U = 2\pi Sc$；ω_0 是结构的自振圆频率；t 为时间，y 为位移响应，$\dot{y}$ 和 $\ddot{y}$ 分别是对时间的一阶和二阶导数；模型中 Y_1、ε、Y_2 和 C_L 都是 K 的函数，均为有待于与观测值拟合的参数。

通常认为，式（5-12）等号右边的第二项和第三项都可以忽略，即：

$$m[\ddot{y} + 2\xi_s\omega_0\dot{y} + \omega_0^2 y] = \frac{1}{2}\rho_a U^2(2D)\left[Y_1(K)\left(1-\varepsilon\frac{y^2}{D^2}\right)\frac{\dot{y}}{U}\right] \tag{5-13}$$

做变量代换：

$$\eta = y/D \tag{5-14}$$

经整理，即：

$$\ddot{\eta} + 2\xi_s\omega_0\dot{\eta} + \omega_0^2\eta = \frac{\rho_a DU}{m}Y_1(K)(1-\varepsilon|\eta|^2) \tag{5-15}$$

Larsen 提出了广义范德波尔振子模型（GVPO），其表述如下[6]：

$$\ddot{\eta} + \mu f_n Sc\dot{\eta} + (2\pi f_n)^2\eta = \mu f_n Ca(1-\varepsilon|\eta|^{2v})\dot{\eta} \tag{5-16}$$

式中，$\eta = y/D$，y 为结构的位移响应，D 为特征尺度；$Sc = \frac{4\pi\xi_s M}{\rho_a D^2}$，$Ca = \frac{4\pi\xi_a M}{\rho_a D^2}$，称为气动斯科拉顿数，$\xi_a$ 为气动阻尼比；f_n 为模型振动频率；$\mu = \frac{\rho_a D^2}{M}$；$Ca$、$\varepsilon$ 和 v 都是要和试验结果比较拟合的气动参数。

Larsen 对于经验非线性模型的最大改进之处，是将非线性自激力项中位移 y 的指数由 2 变成了 v，而其余各项在本质上是一致的。

由于涡振响应时程并不是理想简谐振动，且气动刚度不可忽略，本书在以上两模型的基础上，假定当共振发生时共振响应在每个 $1/4$ 周期内近似满足简谐振动，即仍满足 $\eta = \eta_0 \cos \omega_0 t$，此处即为共振平均幅值，它等于前文提到的 $\overline{y}_{\max}/D$。据此建立模型可评估出响应平均幅值，再结合一定保证率的幅值峰因子即可完整描述涡振响应水平。

对范德波尔振子模型进行改进，表达式为：

$$m\ddot{y} + 2m\omega\xi_s\dot{y} + Ky = 2m\omega C_\xi\left(1 - \varepsilon\left|\frac{y}{D}\right|^{2v}\right)\dot{y} + m\pi\omega^2 C_k y \tag{5-17}$$

做变量代换：

$$\ddot{\eta} + 2\omega\xi_s\dot{\eta} + \omega^2\eta = 2\omega C_\xi(1 - \varepsilon|\eta|^{2v})\dot{\eta} + \pi\omega^2 C_k\eta \tag{5-18}$$

进一步变换为：

$$\ddot{\eta} + \frac{\rho_a D^2}{m}\frac{2m\xi_s}{\rho_a D^2}\dot{\eta} + \omega^2\eta = \frac{\rho_a D^2}{m}\frac{2m C_\xi}{\rho_a D^2}(1 - \varepsilon|\eta|^{2v})\dot{\eta} + \pi\omega^2 C_k\eta \tag{5-19}$$

令：$\mu = \dfrac{\rho_a D^2}{m}$、$Sc = \dfrac{2m\xi_s}{\rho_a D^2}$、$S_\xi = \dfrac{2m C_\xi}{\rho_a D^2}$，

则：

$$\ddot{\eta} + \mu Sc\dot{\eta} + \omega^2\eta = \mu S_\xi(1 - \varepsilon|\eta|^{2v})\dot{\eta} + \pi\omega^2 C_k\eta \tag{5-20}$$

由于：

$$\int_0^{T/4}\dot{\eta}^2\,\mathrm{d}t = \frac{\omega y_0^2\pi}{4} \tag{5-21}$$

$$\int_0^{T/4}I_m\eta_0^{2v}\dot{\eta}^2\,\mathrm{d}t = I_m\eta_0^{2v}\frac{\omega y_0^2\pi}{4} \tag{5-22}$$

$$\int_0^{T/4}\dot{\eta}\eta\,\mathrm{d}t = \frac{1}{2\omega} \tag{5-23}$$

上述式的推导过程如下：

令：

$$|\eta|^{2v} = I_m\eta_0^{2v} \tag{5-24}$$

即用 $I_m\eta_0^{2v}\dot{\eta}$ 来等效 $|\eta|^{2v}\dot{\eta}$，互相等效的力在同一周期段内做功（耗散能量）相等来确定 I_m，于是：

$$\int_0^{2\pi}I_m\eta_0^{2v}\dot{\eta}^2\,\mathrm{d}t = \int_0^{2\pi}|\eta|^{2v}\dot{\eta}^2\,\mathrm{d}t \tag{5-25}$$

$$I_m\eta_0^2\eta_0^{2v}\int_0^{2\pi}\sin^2(t)\,\mathrm{d}t = \eta_0^2\eta_0^{2v}\int_0^{2\pi}|\cos(t)|^{2v}\sin^2(p)\,\mathrm{d}t \tag{5-26}$$

求解方程得到：

$$I_m = \frac{\int_0^{2\pi}|\cos(t)|^{2v}\sin^2(t)\,\mathrm{d}t}{\int_0^{2\pi}\sin^2(t)\,\mathrm{d}t} \tag{5-27}$$

代入得：

$$Sc - S_{\xi a} + S_{\xi a}\varepsilon I_m \eta_0^{2v} + S_{ka}\eta_0^2 = 0 \tag{5-28}$$

式中，$Sc=\dfrac{2m\xi_s}{\rho_a D^2}$、$S_{\xi a}=\dfrac{2mC_\xi}{\rho_a D^2}$、$S_{ka}=\dfrac{2mC_k}{\rho_a D^2}$ 分别与结构阻尼、气动阻尼、气动刚度对应。

考虑到 I_m 的计算较为复杂，本书用 $3v^{1.13}+1.01$ 做近似替代，v 在 $0\sim1$ 之间变化时二者误差不超过 1.2%。

本书改进的范德波尔振子模型最终形式为：

$$Sc - S_{\xi a} + (3v^{1.13}+1.01)\varepsilon S_{\xi a}\eta_0^{2v} + S_{ka}\eta_0^2 = 0 \tag{5-29}$$

上述推导是对单自由度体系而言的，对于连续质量振动体系一阶共振而言，形式并不改变，可以引入振型来表示位移响应，并将相应参数调整为一阶广义量即可，即：

$$y = q(t)\varphi(z) \tag{5-30}$$

$$M = \dfrac{\displaystyle\int_0^H m(z)\phi^2(z)\mathrm{d}z}{\displaystyle\int_0^H \phi^2(z)\mathrm{d}z} \tag{5-31}$$

$$\mu = \dfrac{\rho_a D^2}{M} \tag{5-32}$$

$$Sc = \dfrac{2M\xi_s}{\rho_a D^2}、\quad S_{\xi a} = \dfrac{2MC_\xi}{\rho_a D^2}、\quad S_{ka} = \dfrac{2MC_k}{\rho_a D^2} \tag{5-33}$$

式中，$q(t)$ 为广义位移；$\varphi(z)$ 为振型；M 为单位长度的当量广义质量，即均匀当量质量，其余参数含义同前。

通过若干组具有不同斯科拉顿数 Sc 的模型试验结果，连续改变试验风速使振动达到涡激共振状态，得到对应的周期性变化的顶部响应的幅值 η_0，根据这若干组 $(Sc，\eta_0)$，通过最小二乘拟合便可以得到参数 $S_{\xi a}$、S_{ka}、v 和 ε。

事实上，$S_{\xi a}$、S_{ka} 并不是单纯的一个待拟合的数值，而是有其明确的物理意义，分析如下：

将式（5-17）各项都放到等号左边即为：

$$m\ddot{y} + 2m\omega\left[\xi_s - C_\xi\left(1-\varepsilon\left|\dfrac{y}{D}\right|^{2v}\right)\right]\dot{y} + m\omega^2(1-\pi C_k)y = 0 \tag{5-34}$$

如此，气动阻尼为：

$$\xi_a = -C_\xi\left(1-\varepsilon\left|\dfrac{y}{D}\right|^{2v}\right) \tag{5-35}$$

那么：

$$C_\xi = -\dfrac{\xi_a}{1-\varepsilon\left|\dfrac{y}{D}\right|^{2v}} \tag{5-36}$$

可见，C_ξ 是表征气动阻尼的大小的参数，代入 $S_{\xi a}$ 得：

$$S_{\xi a} = -\dfrac{2M\xi_a}{\rho_a D^2\left(1-\varepsilon\left|\dfrac{y}{D}\right|^{2v}\right)} \tag{5-37}$$

可见，$S_{\xi a}$ 是和 Sc 相对应的参数，即质量-气动阻尼参数，它在本质上亦是质量-阻尼参数，可称之为气动斯科拉顿数。

同理：

$$K_a = -\pi C_k \tag{5-38}$$

$$S_{ka} = -\frac{2\pi M K_a}{\rho_a D^2} \tag{5-39}$$

可见，S_{ka} 也是一个和 Sc 相类似的参数，是表征气动刚度系数 K_a 的无量纲参数。

上述改进的范德波尔振子模型有 3 个创新之处：

（1）考虑了气动刚度项，更好地体现了大高宽比结构的气动参数特性。

（2）预测对象是共振平均幅值，结合幅值峰因子，该模型可以适用于紊流场中共振区域的响应评估，即适用于非理想共振状态的响应评估。

（3）用 $3v^{1.13} + 1.01$ 近似替代 I_m 使模型更为直观，且计算更为方便。

5.5 小结

本章在前文分析结果的基础上，从涡振位移响应时程、气动阻尼、气动刚度、位移响应谱、幅值峰因子等角度讨论了共振与不共振的界限问题，继而通过位移与风压的不同测试试验找到了涡振位移时程不稳定的根本原因，在此基础上提出了涡激共振发生的多判据联合概率模型。主要结论有：

（1）"共振"与"非共振"其实是一个渐变的过程，没有一个明显突变的界限性标志可以作为共振与非共振的区分指标，必须从概率的角度考察共振与非共振的模糊界限。

（2）从涡振响应时程来看，从某个时刻开始，位移与风压相位几乎同步，此后的一段时间内位移幅值和风压幅值就逐步增大；与此同时，风压相位逐渐滞后于位移相位，当二者相位差别达到一定程度后，风压曲线突然变得较为凌乱，且风压频率有所增大；从此时刻开始，位移幅值和风压幅值又逐渐减小，由于频率的增大，风压相位又马上"遇到"了和其同步的位移相位，但位移并没有突然增加，而是表现为逐渐增大，并伴随着风压相位与位移相位差的逐渐增长。就这样，二者幅值和相位周而复始地相互影响，最终造成了模型振动位移时程的间歇性和振动频率的不稳定性，并引起位移响应在"随机—过渡—共振"三者之间变换，这就是实际振动不会出现理想的锁定现象的根本原因。

（3）通过频率改变量、频带宽度、峰因子、风压沿高相关性等因素与涡振响应幅值的敏感度分析发现，可以用折减极值峰因子和频率改变量作为共振发生的判据，其中折减峰因子满足伽马分布、频率改变量满足正态分布，可根据 copula 函数建立量参数决定的共振与非共振划分模型。当模型高宽比达到 16 时，不管在均匀流场还是湍流场中，共振发生的概率都很大；而当高宽比不大于 13 时，湍流场中共振发生概率明显小于均匀流场的共振发生概率。

（4）在既有经验评估模型的基础上，提出并推导了改进的涡振响应评估模型，改进之处在于：考虑了气动刚度项、兼顾了涡振响应时程的不稳定性，其中气动阻尼项主要参考了广义范德波尔振子模型的表达形式，气动刚度项借鉴了经验非线性模型的表达形式。通过对响应平均幅值和幅值峰因子的拟合，可用其评估涡振响应水平。

本章参考文献

［1］ 肖义，郭生练，熊立华，等. 一种新的洪水过程随机模拟方法研究［J］. 四川大学学报：工程科学版，2007，39（2）：55-60.

［2］ Der Kiureghian A，Liu Pei-Ling. Structural reliability under incomplete probability information［J］. Journal of Engineering Mechanics，1986，112（1）：85-104.

［3］ 李典庆，吴帅兵，周创兵，等. 二维联合概率密度函数构造方法及结构并联系统可靠度分析［J］. 工程力学，2013，30（3）：37-45.

［4］ 谢中华. MATLAB 统计分析与应用：40 个案例分析［M］. 北京：北京航空航天大学出版社，2010.

［5］ 埃米尔·希缪，罗伯特·H·斯坎论. 风对结构的作用——风工程导论［M］. 刘尚培，项海帆，谢霁明，译. 上海：同济大学出版社，1992.

［6］ Larsen A. A generalized model for assessment of vortex-induced vibrations of flexible structures［J］. Journal of Wind Engineering and Industrial Aerodynamics，1995，57：281-294.

6

局部气动外形优化

对超高层建筑来说，建筑外形的微小变动就可能有效地降低的风荷载和风振响应[1~13]，这种减振措施称为气动外形减振。本书对气动外形减振研究主要集中在切角减振、圆角减振、立面粗糙条减振三个方面。

6.1　切角减振

本节讲述切角模型工况试验内容及试验结果分析，以考察切角对涡振响应的影响尤其是涡激共振抑制效果（图 6-1～图 6-3、表 6-1）。

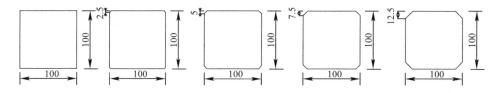

图 6-1　切角模型横截面简图

图 6-2　调切角率所用边条

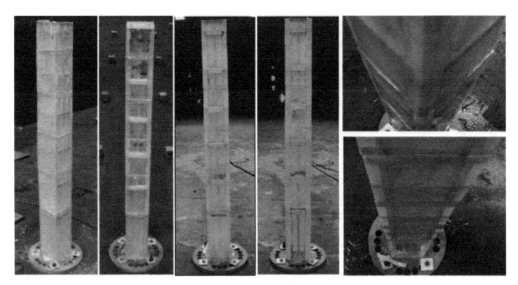

图 6-3 部分切角模型照片

切角模型参数 表 6-1

工况	频率（Hz）	当量质量（kg/m）	阻尼比（%）	地貌类型	Sc 数
1	9.94	2.05	2.5	B	8.2
2	9.60	2.15	2.3	B	8.0
3	9.58	2.20	2.2	B	7.8
4	9.20	2.05	2.4	B	7.9
5	9.20	1.95	2.6	B	8.3

研究发现（图 6-4）：在临界风速附近，不切角（切角率 0）模型的均方根位移最大；切角率 2.5% 模型的均方根位移比不切角模型减小幅度甚微；而当切角率达到 5.0% 时，均方根位移值显著变小，且均方根位移曲线不再出现明显的上凸现象。

根据以上分析结果，切角的有利方面是显著降低了临界风速附近的位移响应，减小了共振发生的可能性，不利方面是增大了涡脱频率，使结构频率与涡脱频率在较小的风速下就可能达到相等，从而造成横风向位移的提前增大。考虑这两个因素：当切角率不大于 5% 时，效果不显著；当切角率在 10% 附近（7.5% 和 12.5%），横风向位移得到了控制，且图 6-5 中

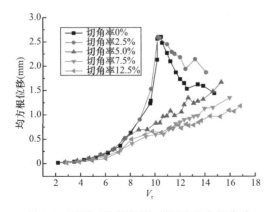

图 6-4 不同切角率模型的横风向均方根位移

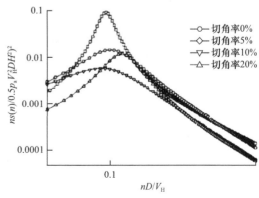

图 6-5 不同切角率静止模型横风向力谱[14]

10%切角率模型的气动力谱平而低，即降低风荷载的同时又降低了共振发生的可能性，这都是对抗风有利的方面；但当切角率增大到20%时（由于本书模型骨架尺寸的限制未能进行这一工况的试验），气动力谱又重新出现一定的尖峰状，从理论来说，这不仅使临界风速提前，又没有显著降低共振发生的可能性，因而对横风向抗风是不利的。

至此，可以初步认为切角率在10%左右时可以实现最佳抗风效果。

6.2　圆角减振

本节讲述圆角模型工况试验内容及试验结果分析，以考察圆角对涡振响应的影响尤其是涡激共振抑制效果（图6-6、图6-7、表6-2）。

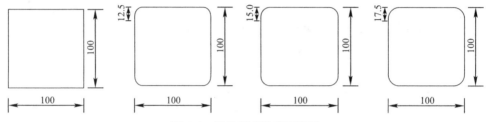

图6-6　圆角模型横截面简图

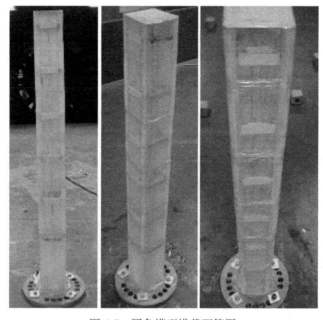

图6-7　圆角模型横截面简图

圆角模型参数 表6-2

工况	频率（Hz）	当量质量（kg/m）	阻尼比（%）	Sc 数	地貌类型	圆角率（%）
1	9.94	2.05	2.5	8.2	B	0
2	9.62	1.95	2.7	8.4	B	12.5
3	9.30	1.90	2.7	8.2	B	15.0
4	9.60	1.88	2.5	7.5	B	17.5

研究发现：当圆角率在 12.5％时，在临界风速附近的位移随折算风速的曲线波动较大，且横风向涡振响应水平得到了有效的抑制；当圆角率继续增大到15％后，横风向风致响应再次大幅度减小，且横风向风致响应随折算风速的变化近似呈直线状（针对折算风速大于 5 的情况），说明圆角的存在在很大程度上消除了涡激共振发生的可能性（图 6-8）。

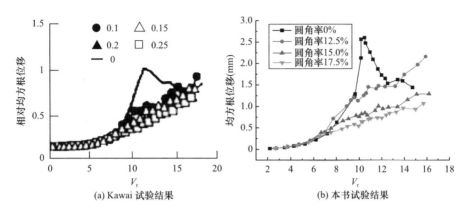

图 6-8　不同圆角率模型横涡振响应

圆角的存在显著改变了方柱体的漩涡脱落特性，使漩涡的规律性发放特征得到抑制，并使得横风向整体风荷载显著减小（图 6-9）。

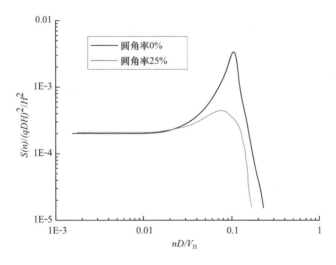

图 6-9　不同圆角率静止模型的横风向气动力谱

6.3　立面粗糙条减振

本节讲述立面带粗糙条的模型工况试验内容及试验结果分析，以考察粗糙条对涡振响应的影响尤其是抑制效果。

（1）粗糙条对三角形模型涡振响应的影响

图 6-10 给出了带粗糙条三角形模型横截面简图和风洞试验照片，表 6-3 给出了模型参

数调试结果。试验发现（图 6-11）：粗糙条的存在使涡振位移有所减小，但二者都有明显的共振特点，这种振动一旦发生都会使位移超标，即粗糙条本身在抑制共振发生可能性的效果方面并不显著。

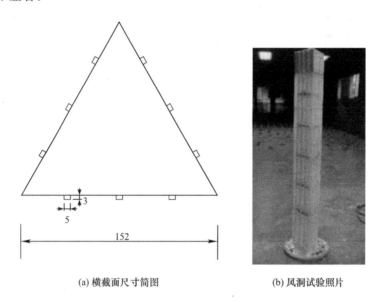

(a) 横截面尺寸简图   (b) 风洞试验照片

图 6-10　带粗糙条三角形模型

					三角形模型工况		表 6-3
工况	频率（Hz）	当量质量（kg/m）	阻尼比（%）	Sc	风向角	地貌类型	粗糙条
1	6.84	2.10	2.5	8.6	顶角背风	B	无
2	6.46	1.80	3.0	8.9	顶角背风	B	有

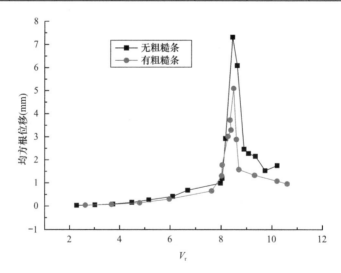

图 6-11　三角形模型有无粗糙条结果对比

（2）粗糙条对六边形模型涡振响应的影响

图 6-12 给出了带粗糙条六边形模型横截面简图和风洞试验照片，表 6-4 给出了模型参

数调试结果。试验结果表明（图 6-13）：粗糙条的存在使涡振位移明显减小，且几乎消除了位移曲线在临界风速附近的上凸现象，说明粗糙条的存在使六边形模型横风向风振响应尤其是涡激共振响应得到了有效的控制。

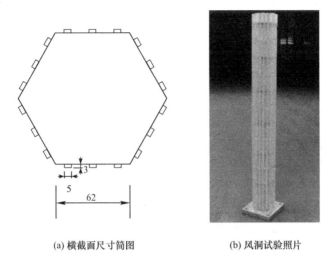

(a) 横截面尺寸简图　　　　(b) 风洞试验照片

图 6-12　带粗糙条六边形模型图片

六边形模型工况　　　　　　　　　　　　　　　　表 6-4

工况	频率（Hz）	当量质量（kg/m）	阻尼比（%）	Sc	风向角	地貌类型	粗糙条
1	9.00	2.45	1.11	4.3	顶角迎风	B	无
2	8.90	2.60	1.21	5.0	顶角迎风	B	有

（3）粗糙条对正方形模型涡振响应的影响

图 6-14 给出了带粗糙条六边形模型横截面简图和风洞试验照片，表 6-5 给出了模型参数调试结果。试验结果表明（图 6-15）：粗糙条对涡振响应的影响与三角形模型比较类似，即粗糙条的存在使涡振位移有所减小，但在抑制共振的效果方面并不显著。

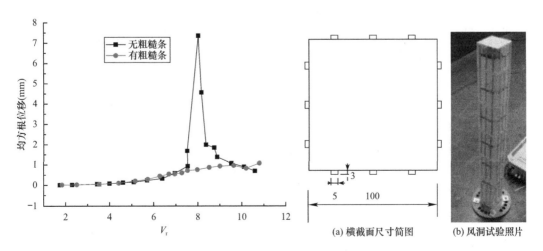

(a) 横截面尺寸简图　　　(b) 风洞试验照片

图 6-13　六边形模型有无粗糙条结果对比　　　　图 6-14　带粗糙条正方形模型图片

不同切角率模型参数 表 6-5

工况	频率（Hz）	当量质量（kg/m）	阻尼比（%）	Sc	地貌类型	粗糙条
1	9.94	2.05	2.5	8.2	B	无
2	9.60	2.10	2.6	8.7	B	有

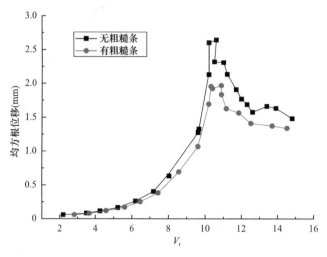

图 6-15　正方形模型有无粗糙条结果对比

图 6-13 与图 6-11、图 6-15 结果不同的原因可能与粗糙条尺寸占模型横截面总尺寸的比例有关（因为正六边形的边长要小于三角形和正方形的边长），亦可能是由于六边形柱体特定的漩涡脱落特性所致，这些都是下一步值得研究的，本书对此不再展开。

6.4　通风洞对涡振响应的影响

本节讲述带水平通风洞的模型工况试验内容及试验结果分析，以考察通风洞对涡振响应的影响尤其是抑制效果。

（1）通风洞气弹模型试验介绍

所谓通风洞是指贯穿于建筑横断面的水平向通透孔。图 6-16 给出了通风洞的尺寸和位置图，图 6-17 给出了风洞中的模型制作效果图。在试验时，为考察不同位置通风洞对涡振响应的影响，所进行的工况有：不开洞、开上排洞、开下排洞、开中排洞、上中下排洞都开，其中洞口的开启与闭合由硬质胶带完成。表 6-6 给出了不同洞口设置的模型自振参数。

（2）通风洞气弹模型涡振响应

图 6-18 给出了洞口平行于来流时，不同通风洞设置方式对于涡振响应的影响结果。可以看出，当只开上部或下部一排通风洞时，在临界风速附近的涡振响应与不开洞时相差不大，而当开中洞或全部洞口都打开时，涡振响应幅值有显著减小，减小幅度接近 20%。根据既有文献的结论，通风孔与来流平行时，侧面上游的风压幅值变化不大，但侧面下游的风压幅值有显著减小，即通风孔的存在会使横风向风荷载有所减小。除此，造成图 6-18 结果的原因主要有两点：一是洞口设置对漩涡脱落特性的影响，此处暂不做讨论；

二是洞口影响区域范围大小及该区域对涡振贡献大小所致，具体来说顶部洞口的影响范围较小，下部洞口虽然有较大的影响范围，但该区域的风荷载对涡振响应的贡献相对较小，相反，中部开洞和全开洞的工况则会显著降低涡振响应水平。

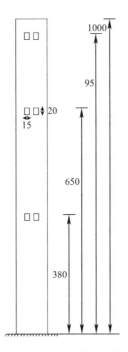

图 6-16　通风洞设置情况

图 6-17　风洞试验图片

不同切角率模型参数　　　　　　　　　　　　　　　　　　表 6-6

工况	频率（Hz）	当量质量（kg/m）	阻尼比（%）	S_c	地貌类型	洞口朝向
1	9.89	1.35	1.8	3.8	B	平行与来流
2	10.62	1.35	0.34	7.3	B	垂直于来流

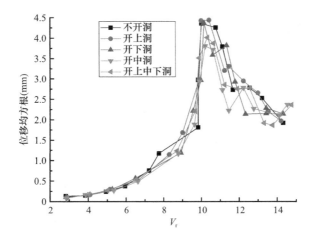

图 6-18　通风洞设置对涡振响应的影响（洞口平行丁来流）

　　图 6-19 给出了洞口垂直于来流时，不同通风洞设置方式对于涡振响应的影响结果。从图 6-19 可以看出，洞口垂直于来流时不同开洞方法对于涡振响应的影响与洞口平行于来流方向时是类似的，且对涡振响应幅值的降低幅度都接近 20％。从洞口对于漩涡脱落的影响规律来看，当洞口垂直于来流方向时，洞口的存在会使洞口附近作用在侧面的流体更难以形成规则有序的漩涡脱落，因而会在一定程度上抑制共振响应水平。

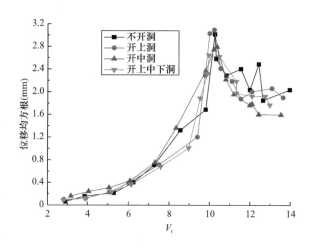

图 6-19　通风洞设置对涡振响应的影响（洞口垂直于来流）

　　若要进一步探明通风洞对流固耦合现象的影响规律及机理，可以进行精细的气弹模型测压试验，即在洞口附近甚至洞口内侧布置大量的测压点以捕捉同步风压，以考察洞口附近的涡脱特性，这一点是难以实现的（本书的气弹模型难以布置大量测压点）；亦可以用 CFD 方法考察模型振动时洞口附近的流体状态，这方面的研究还很欠缺，本书对此也暂未涉及。因而，有关振动模型洞口附近的涡脱机理这一问题有待进一步深入研究。

6.5　小结

　　本章通过大量不同气动外形的气弹模型试验，考察了切角、圆角、粗糙条、通风洞等对于涡振响应水平的影响，主要结论有：

　　（1）切角的设置显著降低了临界风速附近的位移响应，减小了共振发生的可能性，但不利方面是增大了斯托罗哈数，使结构频率与涡脱频率在较小的风速下就可能达到相等，从而造成横风向位移的提前增大。整体来看，切角率在 10％左右时可以实现最佳抗风效果。

　　（2）当圆角率在 10％左右时，横风向涡振响应水平得到了有效的抑制；当圆角率继续增大到 15％后，且横风向风致响应随折算风速的变化近似呈直线状，说明圆角的存在大大抑制了涡激共振发生的可能性。

　　（3）粗糙条的设置可显著降低三角形、四边形和六边形模型的涡振响应幅值，且对六边形模型的影响最大，当存在粗糙条时六边形模型涡振位移曲线随折算风速的上凸现象不再出现，即共振现象得到了抑制甚至被消除。

（4）不论是通风洞是垂直还是平行于来流方向，合理的开洞方式会使涡振响应幅值有所减小，但在本书的开洞率范围内，涡激共振发生的可能性没有得到有效控制。对比而言，于中上部开洞的方式对涡振响应幅值的抑制效果最显著。

本章参考文献

[1] Kwok K C S，Bailey P A. Aerodynamic devices for tall buildings and structures [J]. Journal of Engineering Mechanics，1987，113（3）：349-365.

[2] Kwok K C S. Effect of building shape on wind-induced response of tall building [J]. Journal of Wind Engineering and Industrial Aerodynamics，1988，28（1-3）：381-390.

[3] Kwok K C S. Aerodynamics of tall buildings. In：Prem Krishna，ed. A State of the Art in Wind Engineering [M]. New Delhi：Wiley Eastern Limited，1995，180-204.

[4] Chan C M，Chui J K L. Wind-induced response and serviceability design optimization of tall steel buildings [J]. Engineering Structures，2006，28（4）：503-513.

[5] Kawai H. Effect of corner modifications on aeroelastic instabilities of tall buildings [J]. Journal of Wind Engineering and Industrial Aerodynamics，1998，74-76（98）：719-729.

[6] Hayashida H，Mataki Y，Iwasa Y. Aerodynamic damping effects of tall building for a vortex induced vibration [J]. Journal of Wind Engineering and Industrial Aerodynamics，1992，43（1-3）：1973-1983.

[7] Hayashida H，Iwasa Y. Aerodynamic shape effects of tall building for vortex induced vibration [J]. Journal of Wind Engineering and Industrial Aerodynamics，1990，33（1）：237-242.

[8] Miyashita K，Katagiri J，Nakamura O，et al. Wind-induced response of high-rise buildings Effects of corner cuts or openings in square buildings [J]. Journal of Wind Engineering and Industrial Aerodynamics，1993，50（none）：319-328.

[9] 顾明，王凤元，张锋. 用测力天平技术研究超高层建筑的动态风载 [J]. 同济大学学报（自然科学版），1999，（3）：259-263.

[10] 顾明，叶丰. 典型超高层建筑风荷载频域特性研究 [J]. 建筑结构学报，2006，27（1）：30-36.

[11] 全涌，顾明. 超高层建筑横风向气动力谱 [J]. 同济大学学报（自然科学版），2002，30（5）：627-632.

[12] 张耀春，倪振华，王春刚，等. 高层开洞建筑测压风洞试验 [J]. 建筑结构，2006，36（2）：86-90.

[13] 王磊，王海澎，王述良，等. 开洞高层建筑风压特性数值模拟研究 [J]. 武汉理工大学学报，2012，32（5）：122-126.

[14] 张正维，全涌，顾明，等. 斜切角与圆角对方形截面高层建筑气动力系数的影响研究 [J]. 土木工程学报，2013，49（6）：12-20.

总　　结

7.1　主要结论

（1）风洞试验方面

目前的主要风洞试验方式有测力天平、刚性模型测压、强迫振动、气动弹性模型等。对于超高层建筑，当风致振动较为剧烈时，只有气弹模型的实验结果才是可靠的。

气弹模型又包括两种常见方式，即摆式气弹模型和多自由度气弹模型。本书分析了底部弹性支撑的摆式气弹模型和多自由度气弹模型试验结果的差异，发现，对方截面高柔建筑而言，摆式气弹模型所得的横风向风致响应在小风速下比多自由度模型略大，而在包含横风向共振风速在内的大风速下则明显大于多自由度模型。究其原因，是由于只模拟一阶振型的摆式气弹模型在反映流固互制气弹效应方面不够真实且不及多自由度模型精细，即不同振型对气弹效应影响不同所致。在此基础上，提出了多自由度气弹模型的改进设计方法和风洞实验方法，可以为高层建筑风洞试验的开展提供指导。

（2）气弹参数方面

在非共振状态下，有风荷载和气弹参数就可以精确计算高层建筑在强风下的风致响应。本书基于多自由度气弹模型风洞试验，建立了高层建筑横风向气动阻尼比的估算公式，该方法适用于任意高宽比、风场类型和结构参数的高层建筑。同时提出了基于多自由度气弹模型识别高层建筑气动刚度的方法，在此基础上，建立了高层建筑横风向气动刚度的估算公式。

（3）涡激共振评估方面

在多自由度气弹模型上，进行同步测压与测响应，在风洞中再现了涡激共振的不稳定现象。并从频率改变量和流固相位关系的角度，阐释了不稳定的根本原因，解释了长期以来风工程界早就在现场实测中发现但无法给出原因的现象。

鉴于涡激共振的不稳定性，提出了基于极值峰因子和频率改变量联合决定的共振发生概率的评估模型和由响应幅值概率密度分布决定的共振发生的概率模型，划分了共振、似共振和不共振的界限，通过积分形式的概率模型可以计算得到不同条件下共振与不共振发生的概率。

在范德波尔型非线性微分方程的基础做出改进，建立了在均匀流和紊流场中超高层建筑涡激共振响应分析方法。对于超大高宽比的高层建筑则建立了考虑气动刚度和峰值参数的涡振响应改进评估模型，可用于预测不同地貌粗糙度类型、高宽比和斯科拉顿数下的涡振响应水平。

（4）气动外形优化方面

通过精细的多自由度气弹模型，针对横风向涡振尤其是涡激共振现象，考察既有常见气动外形优化结果，提出了具体的优化建议。

7.2　主要成果

（1）改进了风洞试验方式

证实了 MDOF 气弹模型的优势所在，在此基础上，提出了多自由度气弹模型的改进设计方法。此方面发表的成果如下：

1. 王磊，王泽康，张振华，等. 超高层建筑多种风洞试验方式对比研究 [J]. 实验力学，2018，33（4）：534-542.（核心）
2. 张建军，王磊，彭晓辉. 方截面超高层建筑风洞试验阻塞效应研究 [J]. 武汉理工大学学报，2015，37（2）：69-75.（核心）
3. 王磊，王永贵，梁枢果. 内陆良态风与沿海台风风特性实测对比研究 [J]. 武汉理工大学学报，2016，38（1）：59-64.（核心）
4. Liang S，Yang W，Song J，**Wang L** . Wind-induced responses of a tall chimney by aeroelastic wind tunnel test using a continuous model [J]. Engineering Structures，2018，176（Dec. 1）：871-880.（SCI）

（2）在风洞中再现、证实了涡激振动的不稳定性

通过模型试验证明了在所谓的共振锁定风速范围内，并不是由体系频率完全"俘获"涡脱频率，而是二者相互影响并保持动态近似相等的关系。从频率改变量和流固相位关系的角度，给出了涡振响应位移时程不稳定的根本原因，这解释了长期以来风工程界早就觉察但无法给出原因的现象。此方面发表的成果如下：

1. 王磊，蔺新艳，梁枢果，等. 超高层建筑涡激振动不稳定现象分析 [J]. 振动与冲击，2018，37（12）：53-59.（EI）
2. 王磊，张振华，梁枢果，等. 超高层建筑涡激振动若干现象 [J]. 空气动力学学报，2017，35（5）：665-669.（核心）
3. **Wang L**，Liang S，Huang G，et al. Investigation on the unstability of vortex induced resonance of high-rise buildings [J]. Journal of Wind Engineering & Industrial Aerodynamics，2018，175：17-31.（SCI）

（3）建立了气动阻尼评估模型

本书研究了气动阻尼与结构阻尼比、结构高宽比及斯科拉顿数的关系，提出了气动阻

尼比的改进评估模型，为涡振响应的精确评估提供了有力参考。此方面发表的成果如下：

1. **Wang L**，Fan X Y，Liang S G，et al. Improved expression for across-wind aerodynamic damping ratios of super high-rise buildings [J]. Journal of Wind Engineering & Industrial Aerodynamics，2018，176：263-272.（SCI）

2. 王磊，梁枢果，张振华，等. 超高层建筑横风向气动阻尼比简化估算方法研究 [J]. 工程力学，2017，34 (1)：145-153.（EI）

3. 王磊，张渊召，张振华，等. 正六边形超高层建筑横风向气弹效应研究 [J]. 土木工程学报，2018，51 (11)：113-119.（EI）

（4）涡激共振理论方面

本书提出了共振发生的概率模型，划分了共振、似共振和不共振的界限。该项工作具有首创性；建立了考虑气动刚度和峰值参数的涡振响应改进评估模型，该项工作对涡激共振的认识和评估迈进了一大步。此方面发表的成果如下：

1. Wang L，Liang S，Song J，et al. Analysis of vortex induced vibration frequency of super tall building based on wind tunnel tests of MDOF aero-elastic model [J]. Wind & Structures，2015，21 (5)：523-536.（SCI）

2. 王磊，秦本东，梁枢果，等. 超高层建筑横风向气动刚度研究 [J]. 工程力学，2017，34 (11)：135-144.（EI）

（5）振动控制方面

本书研究了局部气动外形优化对涡振的抑制效果，提出了具体的实施方案。此方面发表的成果如下：

1. 王磊，梁枢果，王泽康，等. 超高层建筑横风向风振局部气动外形优化 [J]. 浙江大学学报（工学版），2016，50 (7)：1239-1246.（EI）

2. Zhang Zhenhua，Sheng Piao. Research on stability and nonlinear vibration of shape memory alloy hybrid laminated composite panel under aerodynamic and thermal loads [J]. Journal of Intelligent Material Systems and Structures，2016，27 (20)：2851-2861.（SCI）

7.3 展望

随着计算机硬件、软件的发展，数值模拟技术得到了迅速的发展，可以考虑通过数值计算的方法进行超高层建筑在强风作用下共振和非共振状态下的抗风设计。必要时，再结合风洞试验结果，得到更加可靠的超高层建筑风振响应和等效风荷载的评估方法，为超高层建筑的抗风设计提供指导。

当前，实际超高层建筑的抗风设计现状是：只要超出规范限制指标的高层建筑都需要进行风洞试验，所谓超限指标包括建筑高度、高宽比等参数。目前来看，这种做法是安全而必要的，但长远来看，必然是一种资源浪费。在未来数十年甚至更长的时间，应该形成一套成熟的数值模拟算法或实际抗风设计的数据库，从而避免重复、繁琐的风洞试验及相关理论计算。

附录 1　第 3 章附图

1. 模型 10 位移响应时程附图

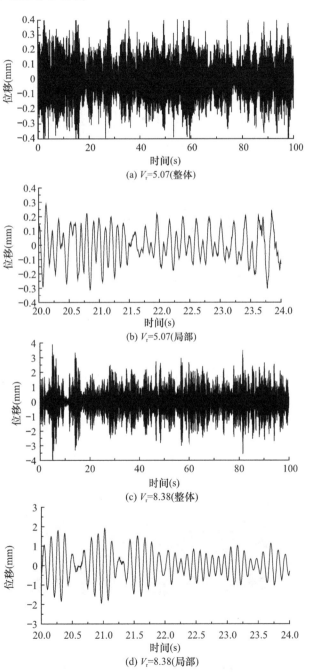

(a) $V_r = 5.07$(整体)

(b) $V_r = 5.07$(局部)

(c) $V_r = 8.38$(整体)

(d) $V_r = 8.38$(局部)

附图 1-1　共振前后位移响应时程（$Sc = 2.50$，均匀流，模型 10）（一）

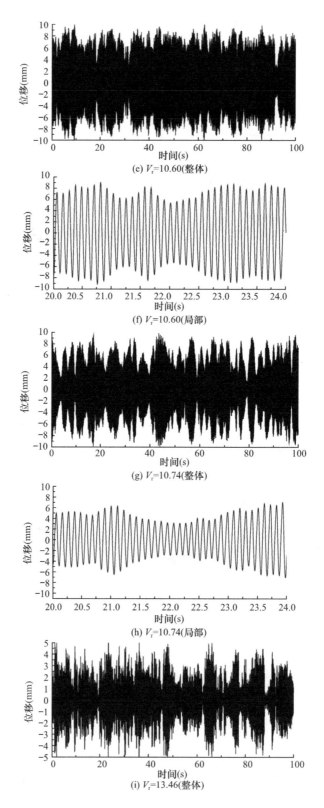

(e) V_r=10.60(整体)

(f) V_r=10.60(局部)

(g) V_r=10.74(整体)

(h) V_r=10.74(局部)

(i) V_r=13.46(整体)

附图 1-1　共振前后位移响应时程（Sc=2.50，均匀流，模型 10）（二）

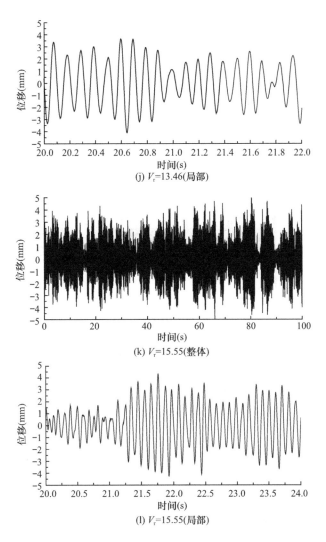

(j) V_r=13.46(局部)

(k) V_r=15.55(整体)

(l) V_r=15.55(局部)

图1-1 共振前后位移响应时程 (Sc=2.50,均匀流,模型10)（三）

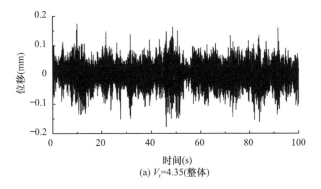

(a) V_r=4.35(整体)

附图1-2 共振前后位移响应时程 (Sc=20.64,均匀流,模型10)（一）

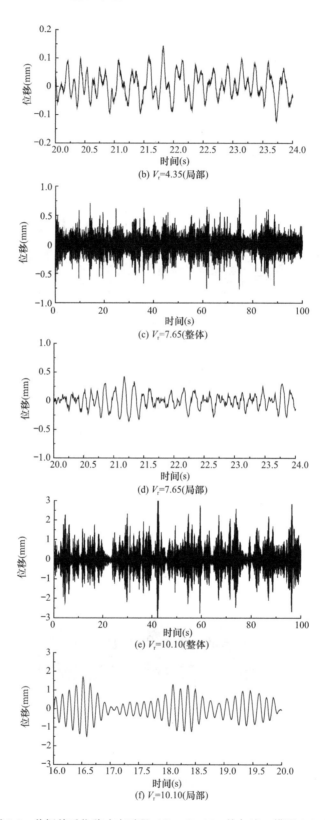

附图 1-2　共振前后位移响应时程（$S_C=20.64$，均匀流，模型 10）（二）

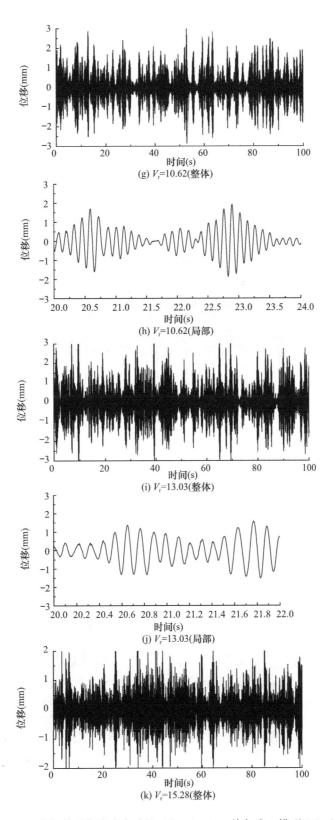

(g) V_r=10.62(整体)

(h) V_r=10.62(局部)

(i) V_r=13.03(整体)

(j) V_r=13.03(局部)

(k) V_r=15.28(整体)

附图 1-2　共振前后位移响应时程（Sc=20.64，均匀流，模型 10）（三）

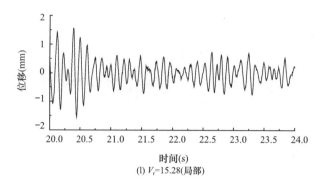

(l) V_r=15.28(局部)

附图 1-2　共振前后位移响应时程（Sc＝20.64，均匀流，模型 10）（四）

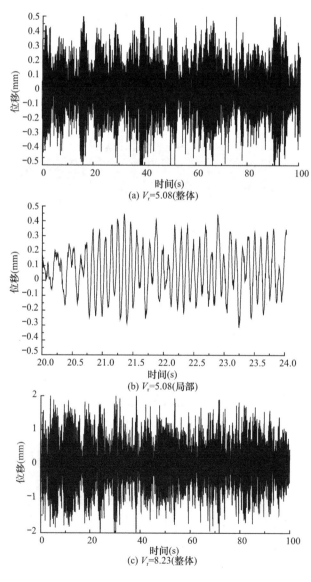

(a) V_r=5.08(整体)

(b) V_r=5.08(局部)

(c) V_r=8.23(整体)

附图 1-3　共振前后位移响应时程（Sc＝2.50，D 类流场，模型 10）（一）

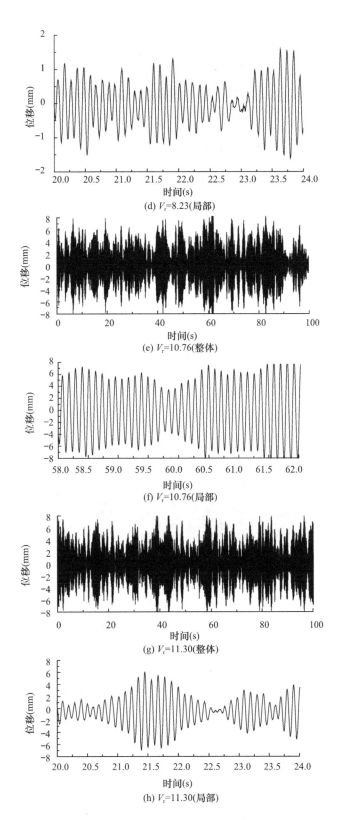

(d) V_r=8.23(局部)

(e) V_r=10.76(整体)

(f) V_r=10.76(局部)

(g) V_r=11.30(整体)

(h) V_r=11.30(局部)

附图 1-3 共振前后位移响应时程（S_c=2.50，D类流场，模型10）（二）

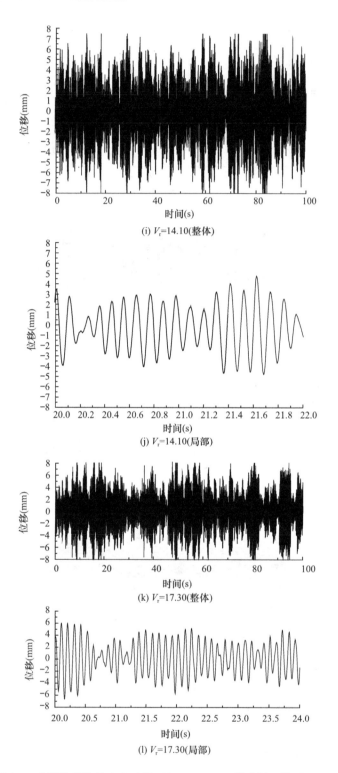

(i) V_r=14.10(整体)

(j) V_r=14.10(局部)

(k) V_r=17.30(整体)

(l) V_r=17.30(局部)

附图 1-3 共振前后位移响应时程（Sc=2.50，D类流场，模型 10）（三）

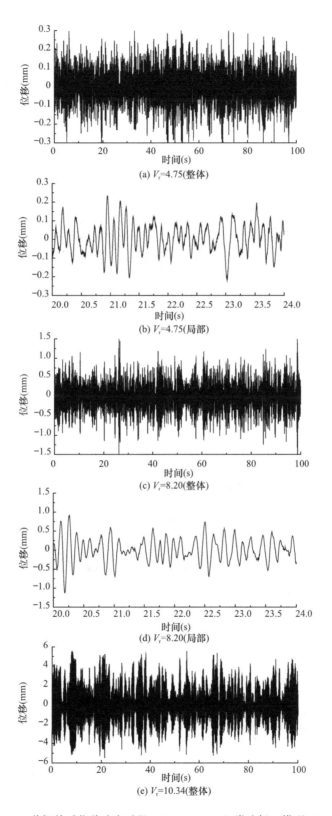

附图 1-4　共振前后位移响应时程（$S_c=20.64$，D类流场，模型 10）（一）

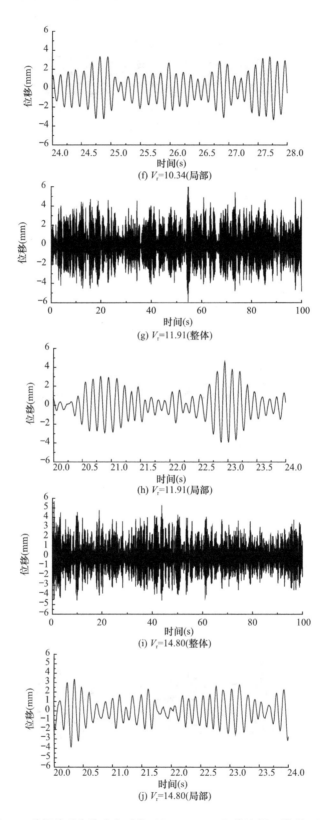

附图 1-4　共振前后位移响应时程（$Sc=20.64$，D 类流场，模型 10）（二）

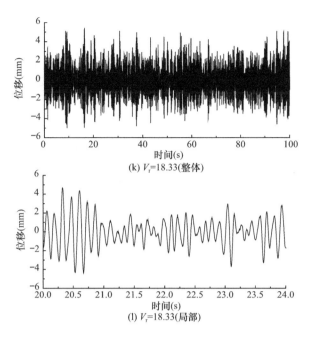

附图 1-4 共振前后位移响应时程（$Sc=20.64$，D类流场，模型 10）（三）

2. 模型 13 位移响应时程附图

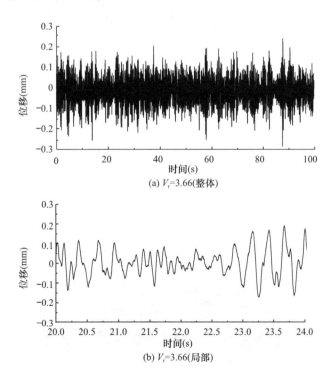

附图 1-5 共振前后位移响应时程（$Sc=2.14$，均匀流场，模型 13）（一）

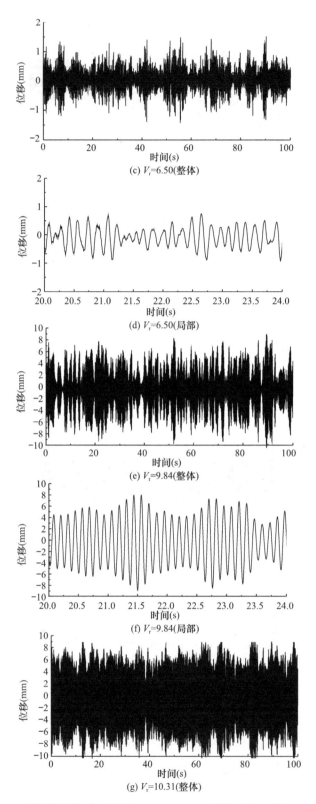

(c) V_r=6.50(整体)

(d) V_r=6.50(局部)

(e) V_r=9.84(整体)

(f) V_r=9.84(局部)

(g) V_r=10.31(整体)

附图 1-5　共振前后位移响应时程（Sc＝2.14，均匀流场，模型 13）（二）

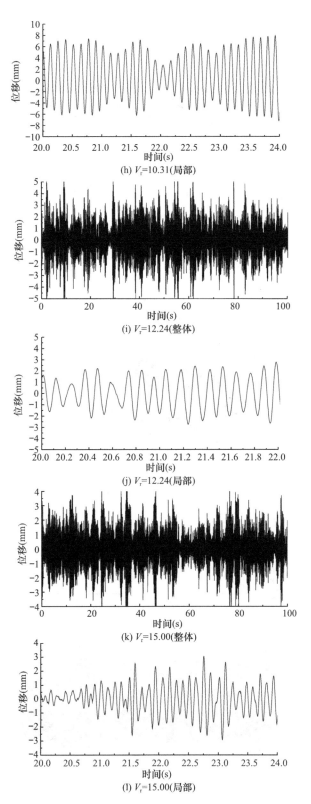

附图 1-5　共振前后位移响应时程（Sc＝2.14，均匀流场，模型 13）（三）

3. 模型13位移响应时程附图

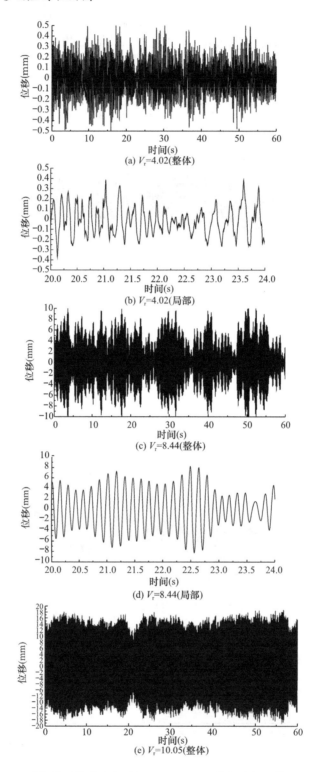

(a) V_r=4.02(整体)

(b) V_r=4.02(局部)

(c) V_r=8.44(整体)

(d) V_r=8.44(局部)

(e) V_r=10.05(整体)

附图1-6 共振前后位移响应时程（Sc=1.64，均匀流场，模型13）（一）

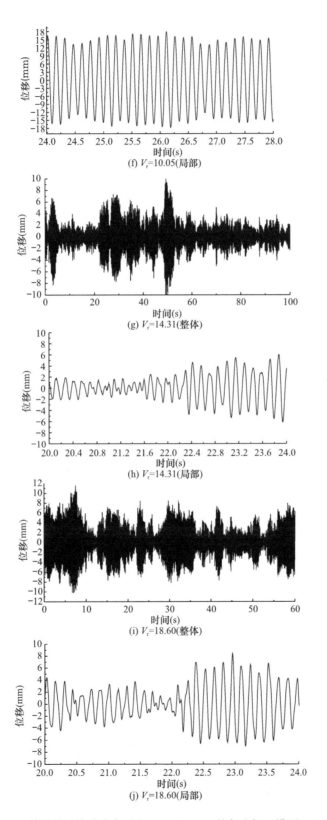

附图 1-6　共振前后位移响应时程（$Sc=1.64$，均匀流场，模型 13）（二）

4. 模型均方根位移响应

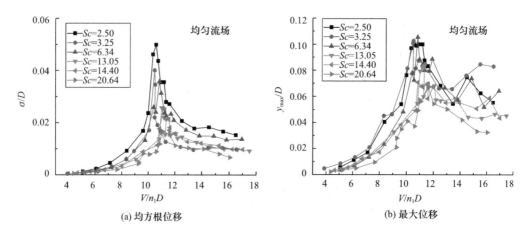

(a) 均方根位移

(b) 最大位移

附图 1-7　模型 10 各工况位移响应（均匀流场）

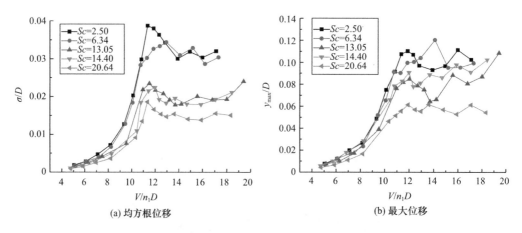

(a) 均方根位移

(b) 最大位移

附图 1-8　模型 10 各工况位移响应（D 类流场）

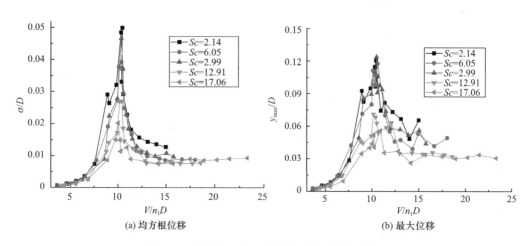

(a) 均方根位移

(b) 最大位移

附图 1-9　模型 13 各工况位移响应（均匀流场）

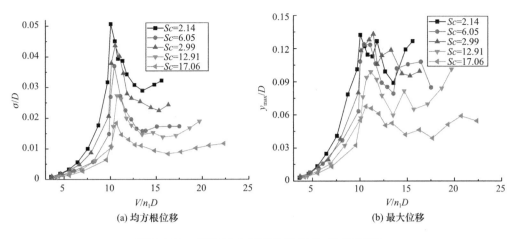

附图 1-10　模型 13 各工况位移响应（D 类流场）

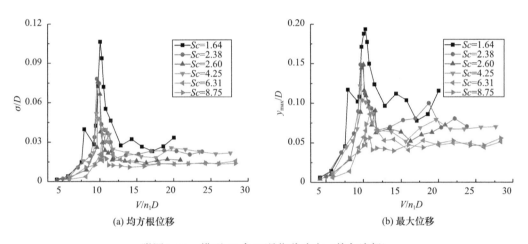

附图 1-11　模型 13 各工况位移响应（均匀流场）

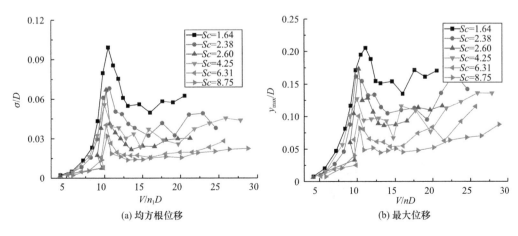

附图 1-12　模型 13 各工况位移响应（D 类流场）

5. 模型 13 典型工况位移响应谱

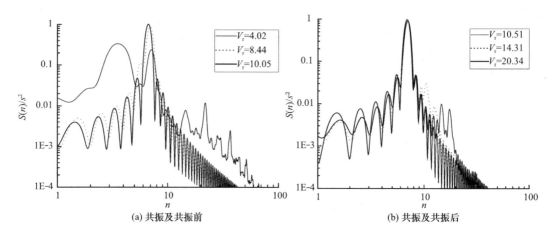

图 1-13　共振前后位移响应功率谱（$Sc=1.64$，均匀流场）

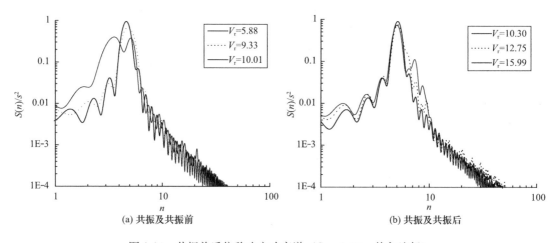

图 1-14　共振前后位移响应功率谱（$Sc=8.75$，均匀流场）

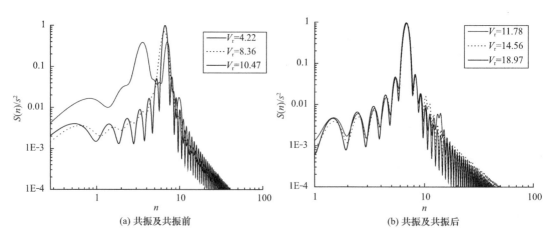

图 1-15　共振前后位移响应功率谱（$Sc=1.64$，D 类流场）

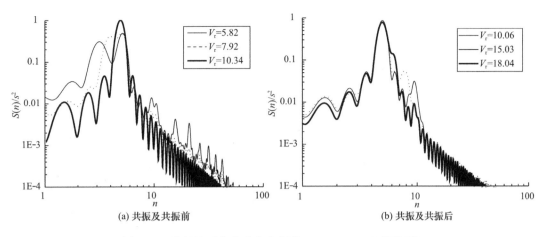

(a) 共振及共振前　　　　　　　　　　　(b) 共振及共振后

图 1-16　共振前后位移响应功率谱（$Sc=8.75$，D 类流场）

附录 2　第 5 章附图

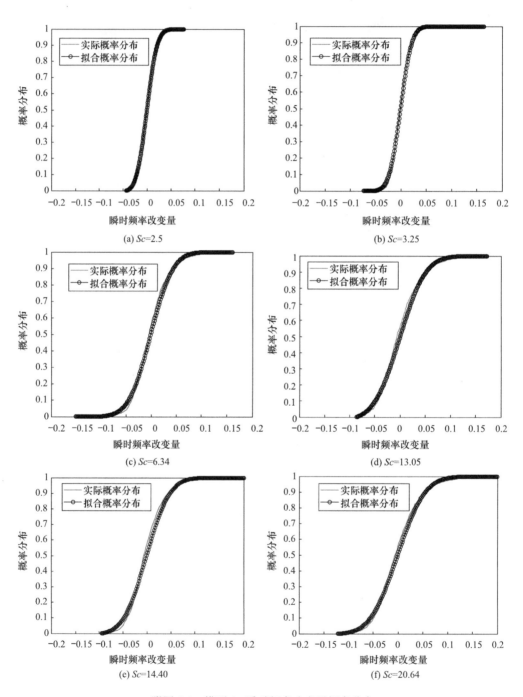

附图 2-1　模型 10 瞬时频率改变量概率分布

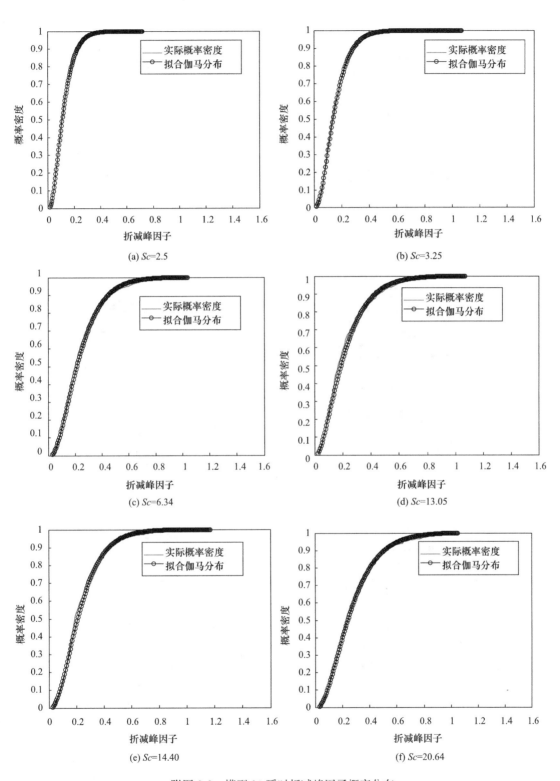

附图 2-2 模型 10 瞬时折减峰因子概率分布

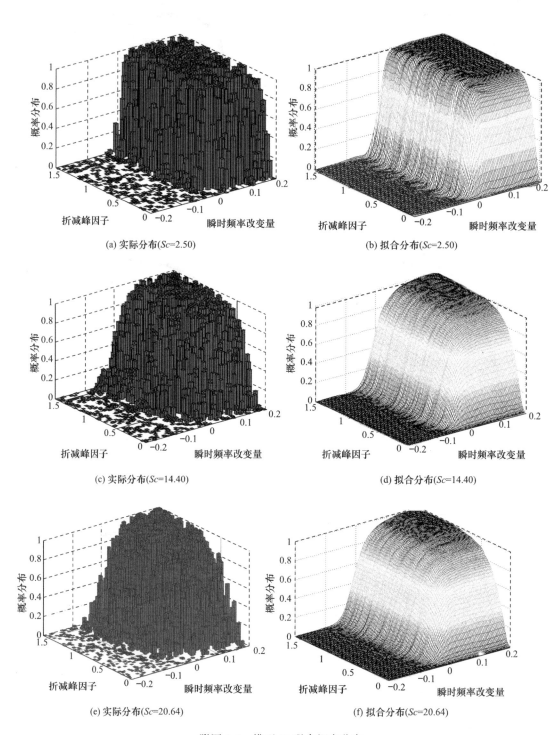

(a) 实际分布(Sc=2.50)

(b) 拟合分布(Sc=2.50)

(c) 实际分布(Sc=14.40)

(d) 拟合分布(Sc=14.40)

(e) 实际分布(Sc=20.64)

(f) 拟合分布(Sc=20.64)

附图 2-3 模型 10 联合概率分布

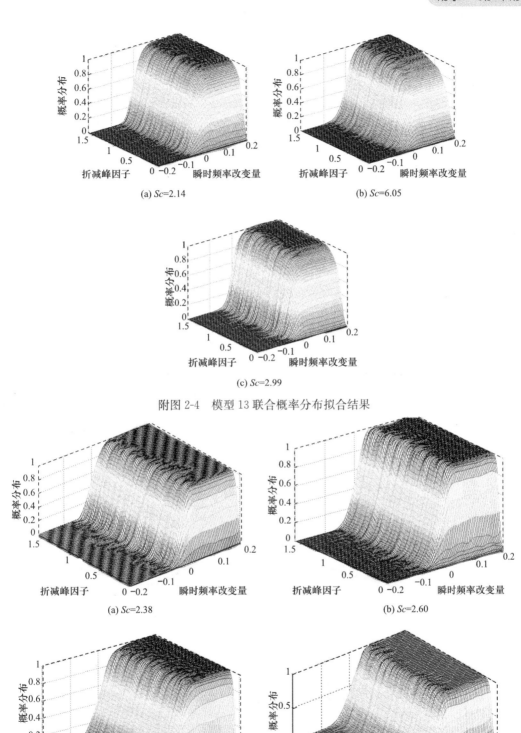

(a) *Sc*=2.14

(b) *Sc*=6.05

(c) *Sc*=2.99

附图 2-4 模型 13 联合概率分布拟合结果

(a) *Sc*=2.38

(b) *Sc*=2.60

(c) *Sc*=4.25

(d) *Sc*=6.31

附图 2-5 模型 13 联合概率分布拟合结果

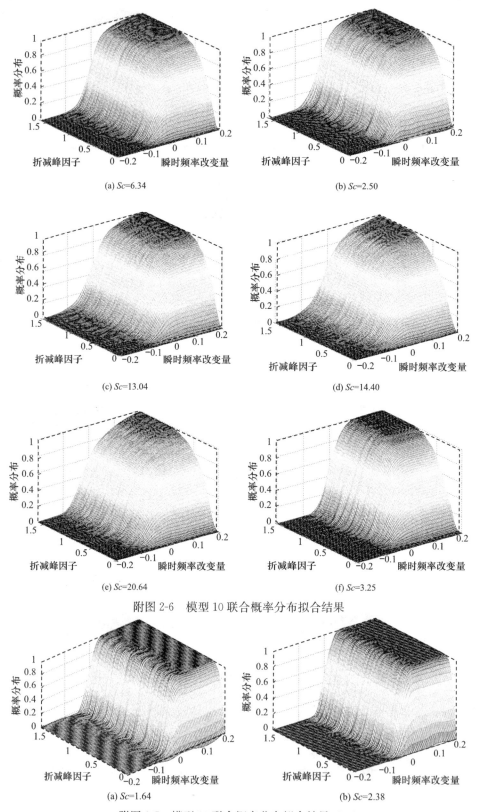

(a) Sc=6.34   (b) Sc=2.50

(c) Sc=13.04   (d) Sc=14.40

(e) Sc=20.64   (f) Sc=3.25

附图 2-6 模型 10 联合概率分布拟合结果

(a) Sc=1.64   (b) Sc=2.38

附图 2-7 模型 13 联合概率分布拟合结果（一）

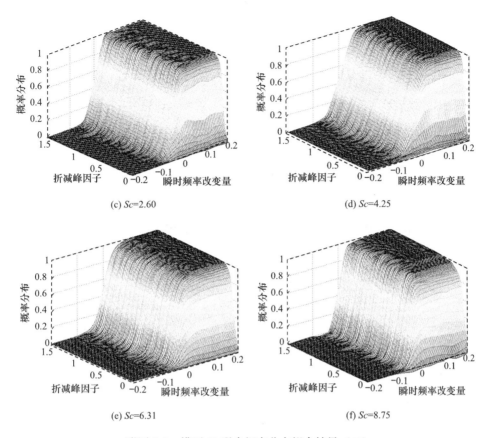

(c) Sc=2.60　　　　　　　　　　　　(d) Sc=4.25

(e) Sc=6.31　　　　　　　　　　　　(f) Sc=8.75

附图 2-7　模型 13 联合概率分布拟合结果（二）

附录 3   第 5 章附公式

设 X_1，X_2，$\cdots$，X_n 是取自样本总体 X 的样本，x_1，x_2，$\cdots$，x_n 为样本观测值，令：

$$\hat{f}_n(x) = \begin{cases} \dfrac{f_i}{h_i} = \dfrac{n_i}{nh_i}, & x \in I_i, i = 1 \sim k \\ 0, & \text{其他} \end{cases} \qquad \text{(附 3-1)}$$

称 $\hat{f}_n(x)$ 为样本的经验密度函数，它所对应的函数图形就是频率直方图，其中，h_i 表示每个区间的长度，称为窗宽或带宽；f_i 为该区间内的频率，即离散点落在该区间的样本数占总样本数的比率，f_i 和 h_i 的比值即为该处的概率密度。

若令：

$$\phi(x, x_i) = \begin{cases} \dfrac{1}{nh_i}, & x \in I_j, x_i \in I_j \\ 0, & x \in I_j, x_i \notin I_j \end{cases} \quad (i = 1 \sim n, j = 1 \sim k) \qquad \text{(附 3-2)}$$

则：$\hat{f}_n(x) = \sum\limits_{i=1}^{n} \phi(x, x_i)$

这是 $\hat{f}_n(x)$ 的另外一种表达形式。

从经验密度函数的定义可以看出，某一点 x 处的密度函数估计值的大小与该点附近包含的样本点的个数有关。若 x 附近的样本点比较稠密，则密度函数的估计值应比较大，反之应比较小。虽然 $\hat{f}_n(x)$ 满足这一点，但是它依赖于区间的划分，并且在每一个小区间上，$\hat{f}_n(x)$ 的值是一个常数，也就是说 $\hat{f}_n(x)$ 是不连续的，为了克服区间划分的限制，可以考虑一个以 x 为中心，以 $\dfrac{h}{2}$ 为半径的邻域，当 x 变动时，这个邻域的位移也在变动，用落在这个邻域内的样本点的个数去估计 x 处的密度函数值，为此，定义以原点为中心，半径为 $1/2$ 的邻域函数为：

$$H(u) = \begin{cases} 1, & |u| \leqslant 1/2 \\ 0, & \text{其他} \end{cases} \qquad \text{(附 3-3)}$$

则当第 i 个样本点 x_i 落入以 x 为中心、$\dfrac{h}{2}$ 为半径的邻域时，$H\left(\dfrac{x - x_i}{h}\right) = 1$，否则 $H\left(\dfrac{x - x_i}{h}\right) = 0$，因此落入这个邻域内的总的样本点数为 $\sum\limits_{i=1}^{n} H\left(\dfrac{x - x_i}{h}\right)$，于是点 x 处的密度函数的估计值为：

$$\hat{f}_h(x) = \frac{1}{nh} \sum_{i=1}^{n} H\left(\frac{x - x_i}{h}\right) \qquad \text{(附 3-4)}$$

即为核密度估计的一般定义。

对其进行推广，可将 H 函数改成其他形式的核函数 K：

$$\hat{f}_h(x) = \frac{1}{nh} \sum_{i=1}^{n} K\left(\frac{x - x_i}{h}\right) \qquad \text{（附 3-5）}$$

$K(\ )$ 满足：

$K(x) \geqslant 0, \int_{-\infty}^{+\infty} K(x)x\mathrm{d}x = 1$，即要求核函数 $K(\ )$ 是某个分布的密度函数。

核函数可以有很多种不同的表示形式，常用的核函数有 Box、Triangle、Cosinus、Gaussian 等，本书选用的是 Box 函数。